W0258839

Teubner Studienbücher

Physik/Chemie

Becher/Böhm/Joos: **Eichtheorien der starken und elektroschwachen Wechselwirkung.** 2. Aufl. DM 36,–

Bourne/Kendall: **Vektoranalysis.** DM 23,80

Daniel: **Beschleuniger.** DM 25,80

Engelke: **Aufbau der Moleküle.** DM 36,–

Goetzberger/Wittwer: **Sonnenenergie.** DM 24,80

Großer: **Einführung in die Teilchenoptik.** DM 21,80

Großmann: **Mathematischer Einführungskurs für die Physik.** 4. Aufl. DM 32,–

Heil/Kitzka: **Grundkurs Theoretische Mechanik.** DM 39,–

Heinloth: **Energie.** DM 38,–

Kamke/Krämer: **Physikalische Grundlagen der Maßeinheiten.** DM 19,80

Kleinknecht: **Detektoren für Teilchenstrahlung.** DM 26,80

Kneubühl: **Repetitorium der Physik.** 2. Aufl. DM 44,–

Kunze: **Physikalische Meßmethoden.** DM 24,80

Lautz: **Elektromagnetische Felder.** 3. Aufl. DM 29,80

Lindner: **Drehimpulse in der Quantenmechanik.** DM 26,80

Lohrmann: **Einführung in die Elementarteilchenphysik.** DM 24,80

Lohrmann: **Hochenergiephysik.** 2. Aufl. DM 32,–

Mayer-Kuckuk: **Atomphysik.** 3. Aufl. DM 32,–

Mayer-Kuckuk: **Kernphysik.** 4. Aufl. DM 34,–

Neuert: **Atomare Stoßprozesse.** DM 26,80

Primas/Müller-Herold: **Elementare Quantenchemie.** DM 39,–

Raeder u. a.: **Kontrollierte Kernfusion.** DM 36,–

Rohe: **Elektronik für Physiker.** 2. Aufl. DM 26,80

Rohe/Kamke: **Digitalelektronik.** DM 26,80

Schatz/Weidinger: **Nukleare Festkörperphysik.** 2. Aufl. DM 29,80

Theis: **Grundzüge der Quantentheorie.** DM 34,–

Walcher: **Praktikum der Physik.** 5. Aufl. DM 29,80

Wegener: **Physik für Hochschulanfänger**
Teil 1: DM 24,80
Teil 2: DM 24,80

Wiesemann: **Einführung in die Gaselektronik.** DM 28,–

Mathematik

Ahlswede/Wegener: **Suchprobleme.** DM 29,80

Aigner: **Graphentheorie.** DM 29,80

Ansorge: **Differenzenapproximationen partieller Anfangswertaufgaben.** DM 29,80 (LAMM)

Behnen/Neuhaus: **Grundkurs Stochastik.** 2. Aufl. DM 36,–

Bohl: **Finite Modelle gewöhnlicher Randwertaufgaben.** DM 29,80 (LAMM)

Böhmer: **Spline-Funktionen.** DM 32,–

Fortsetzung auf der 3. Umschlagseite

Physikalische Meßmethoden

Eine Einführung in Prinzipien klassischer und moderner Verfahren

Von Dr. rer. nat. Hans-Joachim Kunze
Professor an der Universität Bochum

Mit 75 Abbildungen

 B. G. Teubner Stuttgart 1986

Prof. Dr. rer. nat. Hans-Joachim Kunze

Geboren 1935 in Kauffung/Schlesien. Studium der Physik an der TH München. Diplom 1961, Promotion 1964 in München. 1961 bis 1965 wiss. Angestellter am Institut üfr Plasmaphysik in Garching. 1965/1967 Research Associate, 1967/70 Assistant Professor, 1970/72 Associate Professor an der Universität of Maryland, USA. 1972 o. Professor für Experimentalphysik an der Ruhr-Universität Bochum.

CIP-Kurztitelaufnahme der Deutschen Bibliothek

Kunze, Hans-Joachim:
Physikalische Meßmethoden : e. Einf. in
Prinzipien klass. u. moderner Verfahren /
von Hans-Joachim Kunze. — Stuttgart :
Teubner, 1986.
    (Teubner-Studienbücher Physik)
    ISBN-13: 978-3-519-03064-5   e-ISBN-13: 978-3-322-89118-1
    DOI: 10.1007/978-3-322-89118-1

Gesamtherstellung: Beltz Offsetdruck, Hemsbach/Bergstraße
Umschlaggestaltung: M. Koch, Reutlingen

<u>Vorwort</u>

Das vorliegende Buch ist aus einer zweistündigen Vorlesung entstanden, die ich an der Ruhr-Universität Bochum für Studenten gehalten habe, die bereits Grundkenntnisse der Physik erworben und ein entsprechendes Anfängerpraktikum absolviert haben. Das Spektrum der physikalischen Meßmethoden hat heute eine derartige Breite erreicht, und die rasche Weiterentwicklung hält an, daß eine den Gesamtbereich der Physik umfassende Darstellung nur in vielbändigen Werken möglich ist [0.1-0.3]. Auch dort ist die Behandlung nicht mehr im Detail erschöpfend, der Experimentator wird im Einzelfall auf die das betreffende Gebiet relevante Spezialliteratur zurückgreifen müssen.

Das Anliegen dieses Buches ist es daher, zunächst allgemeine Prinzipien zu behandeln, die bei der Planung, Durchführung, Auswertung und Analyse von Experimenten eine Rolle spielen. Die weitere Auswahl leiteten Gesichtspunkte wie: welche Meßmethoden, konkreten Meßverfahren und Hilfsmittel sind von breitem Interesse, werden in vielen Teilgebieten der Physik angewandt oder sind vielleicht besonders instruktiv oder interessant. Meine Erfahrungen mit der Anleitung von Studenten zu wissenschaftlichem Arbeiten führten dann dazu, daß einige Themen ausführlicher behandelt werden. Eine Ausgewogenheit war nicht beabsichtigt, doch könnte aus diesem Grund das eine oder andere Kapitel auch für den bereits in der Praxis tätigen Wissenschaftler oder Ingenieur von Nutzen sein.

Meinem Kollegen Prof. B. Kronast und vielen meiner Mitarbeiter möchte ich für die kritische Durchsicht des Manuskripts und Anregungen herzlich danken. Mein ganz besonderer Dank gilt Frau Elisabeth Döring für die sorgfältige und verständnisvolle Herstellung des druckfertigen Manuskripts und die große Geduld bei allen Änderungen.

Bochum, im Herbst 1985

H.-J. Kunze

Inhaltsverzeichnis

1   Einleitung

Die Physik ist eine Erfahrungswissenschaft, das Experiment ist ihre Grundlage und die Mathematik ihr wichtigstes Hilfsmittel. Die quantitativ durchgeführte Untersuchung führt zu mathematisch formulierbaren Zusammenhängen zwischen physikalischen Größen. Obwohl es bereits die Sumerer verstanden, drei fundamentale Größen der Physik - Länge, Zeit und Masse - zu messen, wurde die allgemeine Bedeutung des Experiments und genauer Messungen erst voll von Galilei im 17. Jahrhundert erkannt, der damit die moderne naturwissenschaftliche Forschung einleitete.

Die Experimentier- und Meßtechnik der Physik weist heute einen für den einzelnen kaum mehr überschaubaren Umfang auf. Spezielle Verfahren entwickeln sich in allen Teilgebieten der Physik, aber auch in anderen Disziplinen der Natur- und Ingenieurwissenschaften, für die die Physik die Grundlage oder eine wichtige Hilfswissenschaft darstellt.

2   Physikalische Größen und Einheiten

Experimente haben das Ziel, die physikalische Erscheinungen charakterisierenden Parameter zu finden, zahlenmäßig durch Messung zu bestimmen und Zusammenhänge aufzuzeigen. Allgemein bezeichnet man alle Eigenschaften von physikalischen Objekten und physikalischen Vorgängen, für die ein direktes oder indirektes Meßverfahren existiert, als physikalische Größen. Die physikalischen Gesetze werden zwischen diesen Größen in Form mathematischer Gleichungen ausgedrückt. Alle Größen einer Art ohne quantitative Aussage bilden eine physikalische Größenart, die nur den qualitativen Wesensinhalt des betreffenden physikalischen Begriffs erfaßt.

Nach Festlegung einer geeigneten Einheit für jede Größenart können wir den Vorgang des Messens jetzt als Vergleich der physikalischen Größe G mit ihrer Einheit [G] beschreiben. Die Zahl, die angibt, wie oft die Einheit in der zu messenden Größe enthalten ist, wird als Zahlenwert {G} der physikalischen Größe bezeichnet.

$$(2.1) \qquad G = \{G\}\,[G].$$

Diese Grundgleichung des Messens zeigt, daß jede physikalische Größe als Produkt aus Zahlenwert und Einheit dargestellt werden kann [2.5].

Die physikalischen Größenarten sind durch Gleichungen miteinander verknüpft, und die Vielzahl läßt sich so auf wenige voneinander unabhängige Größenarten zurückführen, die Grund- oder Basisgrößenarten genannt werden. Ihre Wahl ist im Prinzip weitgehend willkürlich und erfolgt durch internationale Übereinkunft und meist nach Gesichtspunkten der Zweckmäßigkeit. Alle übrigen bezeichnet man als abgeleitete Größenarten und definiert sie durch Gleichungen, die sie mit einer oder mehreren Basisgrößenarten oder auch bereits eingeführten abgeleiteten Größenarten verknüpfen. Sie lassen sich allgemein als Potenzprodukt der Basisgrößenarten B_i darstellen:

$$(2.2) \qquad G = B_1{}^{\beta_1}\, B_2{}^{\beta_2}\, \ldots\, B_n{}^{\beta_n}.$$

Die Exponenten β_i sind positive oder negative rationale Zahlen.

Tabelle 1.1   Basisgrößenarten und Basiseinheiten

Größenart	Formel-Zeichen	Einheit	Einheiten-Zeichen
Länge	l	Meter	m
Masse	m	Kilogramm	kg
Zeit	t	Sekunde	s
El. Stromstärke	I	Ampere	A
Temperatur	T	Kelvin	K
Stoffmenge	n	Mol	mol
Lichtstärke	I_v	Candela	cd

1960 hat man sich international auf die Basisgrößenarten und die dazugehörigen Basiseinheiten geeinigt; sie und die aus ihnen abgeleiteten Einheiten bilden das Internationale Einheitensystem (Système International d'Unites, abgekürzt SI), das inzwischen in vielen Ländern auch gesetzlich vorgeschrieben ist. Eine Reihe von Eigenschaften macht es für die Anwendung in Theorie und Praxis besonders geeignet [2.4]. Die abgeleiteten SI-Einheiten ergeben sich entsprechend Gl. (2.2) mit jetzt ganzzahligen Exponenten β_i, und einige wichtige haben selbständige Namen mit eigenen Kurzzeichen erhalten. Sie sind z.B. in dem Dokument [2.2] der Internationalen Union für reine und angewandte Physik (IUPAP) sowie in [2.3] zusammengestellt.

Tabelle 1.1 enthält die Basisgrößenarten und ihre Einheiten. Sie werden in Form einer Definition *exakt* festgelegt. Erst ihre Realisierung ist mit einer Unsicherheit verbunden, wobei eventuell mehrere unterschiedliche Meßprinzipien angewendet werden können. Details werden in [2.3] und [2.4] beschrieben. Verfolgt man die historische Entwicklung, so wird offenkundig, wie einerseits die steigenden Ansprüche an die Genauigkeit und andererseits die Entwicklung verfeinerter und neuerer Meßverfahren auch zu neuen Festlegungen der Basiseinheiten führten. Das Bestreben ging und geht

auch heute noch dahin, möglichst jederzeit reproduzierbare Naturkonstanten zur Definition heranzuziehen. Ein typisches Beispiel
ist die Basiseinheit der Länge. Ausgehend vom sog. Urmeter definierte man das Meter zunächst durch Wellenlängennormale, und zwar
1927 durch die Wellenlänge der roten Cd-Linie und 1960 durch die
der orange-farbenen Strahlung des Kryptonisotops ^{86}Kr:

*Das Meter ist das 1 650 763,73fache der Wellenlänge der vom Atom
des Nuklids ^{86}Kr beim Übergang vom Zustand $5d_5$ zum Zustand $2p_{10}$
ausgesandten, sich im Vakuum ausbreitenden Strahlung.*

1983 beschloß die 17. Generalkonferenz für Maß und Gewicht eine
neue Definition dieser Basiseinheit, die mit heutzutage äußerst
genau möglichen Bestimmungen der Lichtgeschwindigkeit sinnvoll
wurde [2.1]:

*Das Meter ist die Länge der Strecke, die Licht im Vakuum während
des Intervalls von (1/299 792 458) Sekunden durchläuft.*

Damit wird der Lichtgeschwindigkeit im Vakuum ein fester Wert
zugeordnet, nämlich c = 299 792 458 m/s, und ihrer Bedeutung als
universeller Naturkonstanten wird so sicherlich Rechnung getragen.
Die Realisierung der Einheit kann durch Laufzeitbestimmungen erfolgen.

Unter den Basisgrößenarten nimmt die Masse insofern eine Sonder-
stellung ein, als ihre Einheit anhand eines künstlich geschaffenen
"Normkörpers" definiert wird, der im Bureau International des
Poids et Mesures (BIPM) in Sèvres bei Paris aufbewahrt wird. Es
ist ein Zylinder aus einer Legierung von 90 % Platin und 10 %
Iridium, dessen Höhe und Durchmesser gleich sind (ca. 39 mm). Das
Zurückführen der Masseneinheit auf eine Naturkonstante war bisher
weder mit der notwendigen Genauigkeit möglich, noch ist eine
solche Möglichkeit heute klar zu erkennen.

*Das Kilogramm ist die Einheit der Masse; es ist gleich der Masse
des Internationalen Kilogrammprototyps (1889, 1901).*

Die heute noch gültige Definition der Sekunde lautet:

Die Sekunde ist das 9 192 631 770fache der Periodendauer der dem Übergang zwischen den beiden Hyperfeinstrukturniveaus des Grundzustandes des Atoms des Nuklids ^{133}Cs entsprechenden Strahlung (1967).

Diese Sekunde wird in Cäsiumstrahl-Apparaturen realisiert, und zur Gewinnung von Zeitintervallen müssen die Perioden der atomaren Frequenz gezählt werden. Es ist denkbar, daß in Zukunft Frequenzgeneratoren entwickelt werden, die noch genauer als die ^{133}Cs-Atomuhren sind, so daß eine neue Definition der Zeiteinheit zweckmäßig wird. Die Definition des Meters bliebe davon unberührt.

Die kohärente Behandlung der ganzen Elektrodynamik mit der Mechanik ermöglicht die 1948 neu definierte Basiseinheit der Stromstärke:

Das Ampere ist die Stärke eines konstanten elektrischen Stroms, der, durch zwei parallele, geradlinige, unendlich lange und im Vakuum im Abstand 1 Meter voneinander angeordnete Leiter von vernachlässigbar kleinem, kreisförmigem Querschnitt fließend, zwischen diesen Leitern je 1 Meter Leiterlänge die Kraft 2×10^{-7} Newton hervorrufen würde.

Der Zahlenwert einer weiteren Fundamentalkonstanten der Physik ist damit festgelegt, nämlich der der *magnetischen Feldkonstanten* μ_O. Sie ergibt sich zu $\mu_O = 4\pi \times 10^{-7}$ NA^{-2}. Diese Relation ist im Prinzip mit der obigen Definition des Amperes gleichwertig. Über die Beziehung $c = 1/\sqrt{\varepsilon_O \mu_O}$ hat jetzt auch die elektrische Feldkonstante ε_O einen festen definierten Wert erhalten, sie muß nicht mehr experimentell bestimmt werden.

Die Basisgröße der Thermodynamik ist die thermodynamische Temperatur, ihre Einheit ist das Kelvin. Da für die Temperatur ein absoluter Nullpunkt existiert, benötigt man zur Festlegung der Einheit nur einen weiteren Punkt. Als solcher Fixpunkt wurde der Tripelpunkt des Wassers gewählt.

Das Kelvin, die Einheit der thermodynamischen Temperatur, ist der 273,16te Teil der thermodynamischen Temperatur des Tripelpunktes des Wassers (1967).

Die praktische Temperaturmessung erfolgt mit Hilfe der Internationalen Praktischen Temperaturskala (IPTS - 68/75), die auf einer Anzahl von gut reproduzierbaren Fixpunkten beruht [2.3].

Die Stoffmenge wurde erst 1971 als Basisgrößenart in das SI-System aufgenommen. Quantitative Zusammenhänge in weiten Bereichen der Chemie und physikalischen Chemie können so in SI-Einheiten beschrieben werden. Die Definition der Basiseinheit lautet:

Das Mol ist die Stoffmenge eines Systems, das aus ebensoviel Einzelteilchen besteht, wie Atome in 0,012 Kilogramm des Kohlenstoffnuklids ^{12}C enthalten sind. Bei Benutzung des Mols müssen die Einzelteilchen spezifiziert sein und können Atome, Moleküle, Ionen, Elektronen sowie andere Teilchen oder Gruppen solcher Teilchen genau angegebener Zusammenhänge sein.

Diese Teilchenzahl wird Avogadro-Konstante N_A genannt.

Die elektromagnetische Strahlung wird mit den sog. radiometrischen Größen beschrieben, die aus den ersten drei Basisgrößenarten abgeleitet werden. Soll jedoch die Bewertung der Strahlung gemäß ihrer Helligkeitswirkung auf das menschliche Auge erfolgen, definiert man die entsprechenden photometrischen (lichttechnischen) Größen. Die Basisgrößenart ist die Lichtstärke, ihre Einheit die Candela. Durch internationale Festlegung eines spektralen Hellempfindlichkeitsgrades des Auges sind strahlungsphysikaliche und lichttechnische Größen miteinander verknüpft, so Strahlungsleistung und Lichtstrom durch das *photometrische Strahlungsäquivalent*. Die 1967 erfolgte Definition der Candela, die auf der Lichtemission eines Schwarzen Strahlers bei der Temperatur des erstarrenden Platins basierte, war jedoch nicht voll befriedigend, da mit verbesserter Bestimmung der Erstarrungstemperatur des Platins relativ große Änderungen des photometrischen Strahlungsäquivalents die Folge waren. 1979 hat man daher über die Festlegung dieser Größe die Candela neu definiert.

Die Candela ist die Lichtstärke einer Strahlungsquelle, welche monochromatische Strahlung der Frequenz 540 × 10^12 Hertz in eine bestimmte Richtung aussendet, in der die Strahlstärke 1/683 Watt durch Steradiant beträgt.

Die Frequenz entspricht einer Wellenlänge von 555 nm, bei der das menschliche Auge seine maximale Empfindlichkeit besitzt.

Neben dem Begriff der physikalischen Größenart wird schließlich noch der Begriff ihrer <u>Dimension</u> benutzt. Sie kennzeichnet den qualitativen Zusammenhang der Größenart mit den Basisgrößenarten ohne Bezug auf bestimmte Einheiten; sie ist gegeben durch das Potenzprodukt aus den Basisdimensionen mit dem Zahlenfaktor 1. Im internationalen Einheitensystem entsprechen den Basisgrößenarten die Basisdimensionen Länge, Masse, Zeit, Stromstärke, Temperatur, Stoffmenge und Lichtstärke. Sie werden mit senkrechten Großbuchstaben L, M, T, I, Θ, N und J gekennzeichnet. Die Dimension einer Größe G ist damit ganz allgemein im SI (Gl.(2.2))

$$(2.3) \qquad \dim G = L^{\beta_1} \, M^{\beta_2} \, T^{\beta_3} \, I^{\beta_4} \, \Theta^{\beta_5} \, N^{\beta_6} \, J^{\beta_7},$$

wobei die Dimensionsexponenten ganzzahlig sind. Sind sie alle null, bezeichnet man die Größenart als dimensionslos. Die Dimension der kinetischen Energie ist beispielsweise
$$\dim E_{kin} = \dim(mv^2/2) = ML^2T^{-2}.$$

Größenart und Dimension sind nicht dasselbe, unterschiedliche Größenarten können die gleiche Dimension haben wie etwa beispielsweise Arbeit und Drehmoment oder elektrische Stromstärke und magnetische Spannung. Obwohl bei diesen Dimensionsbetrachtungen die Präzision der physikalischen Begriffsbildung (Skalar, Vektor, Tensor) verlorengeht, haben sie sich bei der Überprüfung der formalen Richtigkeit von Beziehungen zwischen physikalischen Größen als sehr nützlich erwiesen.

3   <u>Versuchsplanung</u>

3.1   <u>Vorbemerkungen</u>

Die wohldurchdachte Planung eines Experiments ist im allgemeinen
von entscheidendem Einfluß auf den Erfolg. Unter Zuhilfenahme von
bereits vorhandenen theoretischen und experimentellen Erkenntnissen wird man versuchen, Verfahren und Methoden einzusetzen, die
die Aussagekraft der zu erwartenden Ergebnisse optimieren. Die
Abschätzung und Minimalisierung der Einflüsse der Umgebung ist
dabei nur ein Gesichtspunkt. Apparative Ausstattung wie finanzi-
elle Mittel setzen dann in der Praxis allerdings oft Grenzen, die
der Experimentator mit erhöhtem Einfallsreichtum zu überwinden
oder zu umgehen versucht. Experimentelle Erfahrung wie auch Ge-
schicklichkeit sind dabei von Nutzen.

Bedingt durch das breite Spektrum der experimentellen Aufgaben aus
allen Gebieten der Physik und auch der Ingenieurwissenschaften
sind selbst allgemeinere Überlegungen sehr umfangreich, und wir
verweisen auf die Darstellungen [0.1] bis [0.3] und [3.1], in
denen auch praktische Hinweise gegeben werden. Im folgenden wollen
wir uns nur mit zwei Klassen von Experimenten befassen, den Mo-
dell- und den Analogieversuchen, die in vielen Lehrbüchern der
Physik nur kurz oder gar nicht behandelt werden, in bestimmten
Disziplinen der Ingenieurwissenschaften aber breite Anwendung
gefunden haben. Ausgewählt werden leicht überschaubare Beispiele
aus verschiedenen Gebieten. Sie mögen als Anregung dienen, gegebenenfalls bei sehr komplizierten physikalischen Aufgaben auch
solche Möglichkeiten in Betracht zu ziehen.

3.2   <u>Modellversuche</u>

Ist die Untersuchung von komplexen physikalischen Vorgängen sehr
schwierig, kann es oft sinnvoll sein, das Experiment an ähnlich
vergrößerten oder verkleinerten und insbesondere auch leichter
veränderbaren Modellen mit ähnlich veränderten Randbedingungen
durchzuführen. Die Grundlage und Rechtfertigung solcher Modell-

versuche bilden die <u>Ähnlichkeitsgesetze</u>, die es erlauben, die am Modell gewonnenen Ergebnisse auf das Original zu übertragen. Zwei physikalische Vorgänge werden dabei als *ähnlich* bezeichnet, wenn sie durch ein und dasselbe physikalische Gesetz beschrieben werden und alle physikalischen Größen, die den einen Prozess charakterisieren, durch Multiplikation mit konstanten Zahlen in die entsprechenden Größen des anderen Prozesses übergeführt werden können. Diese Konstanten bezeichnet man als *Übertragungs- oder Ähnlichkeitsfaktoren*. Man spricht allgemein von *vollkommener oder physikalischer Ähnlichkeit*, wenn solche Relationen gleichzeitig bezüglich *aller* Basisgrößenarten des Einheitensystems vorhanden sind.

3.2.1 Ähnlichkeitsgesetze der Mechanik

<u>Geometrische und zeitliche Ähnlichkeit</u>. Die einfachsten Sonderfälle liegen vor, wenn Ähnlichkeiten nur für die Basisgrößenarten Länge l oder Zeit t in Betracht gezogen werden:

$$(3.1) \quad \text{(a) } l_1 = \lambda\, l_2, \qquad \text{(b) } t_1 = \tau\, t_2.$$

Den ersten Fall bezeichnet man als *geometrische Ähnlichkeit* zwischen Modell (Index 2) und Original (Index 1), den zweiten Fall als *zeitliche Ähnlichkeit*.

<u>Kinematische Ähnlichkeit</u>. Sind beide Ähnlichkeitsfaktoren zu berücksichtigen, ergibt sich die *kinematische Ähnlichkeit* mit dem Ähnlichkeitsfaktor ϕ_v für die Geschwindigkeit:

$$(3.2) \quad \vec{v}_1 = \phi_v\, \vec{v}_2 = (\lambda/\tau)\, \vec{v}_2.$$

Alle Geschwindigkeitsvektoren sind im Modell und im Original an zugeordneten Punkten zu zugeordneten Zeiten durch obige Beziehung miteinander verknüpft. In einer Strömung sind damit die Stromlinienverläufe als geometrische Kurven zu zugeordneten Zeiten ähnlich.

<u>Dynamische Ähnlichkeit</u>. In der Mechanik ist es sinnvoll, anstelle der *Ähnlichkeit der Massen* von der *Ähnlichkeit der Kräfte* auszugehen:

$$(3.3) \qquad \vec{F}_1 = \phi \, \vec{F}_2 .$$

Dies bedeutet im allgemeinsten Fall, daß <u>alle</u> auftretenden Kräfte an ähnlich gelegenen Punkten des Modells und des Originals diese Bedingung erfüllen bzw. Kraftfelder ähnlich sein müssen.

Aus der Newtonschen Bewegungsgleichung $\vec{F} = m\,\ddot{\vec{r}}$ ergibt sich mit dem Ähnlichkeitsfaktor für die Masse $\mu = m_1/m_2$:

$$m_1 \, \ddot{\vec{r}}_1 = \phi \, m_2 \, \ddot{\vec{r}}_2$$

$$\mu \, m_2 \, \frac{\lambda}{\tau^2}\ddot{\vec{r}}_2 = \phi \, m_2 \, \ddot{\vec{r}}_2$$

$$(3.4) \qquad \phi \, \tau^2 \, \mu^{-1} \, \lambda^{-1} = 1 .$$

Dieses allgemeine dynamische Modellgesetz wird als das <u>Newtonsche Ähnlichkeitsgesetz</u> bezeichnet. Im Modellversuch sind damit in der Dynamik *drei* Ähnlichkeitsfaktoren frei wählbar. Eine Variante dieses Ähnlichkeitsgesetzes erhält man für geometrisch ähnliche Körper mit den Massendichten ρ_1 und ρ_2 und den Volumina V_1 und V_2. Der Ähnlichkeitsfaktor der Masse wird $\mu = \lambda^3 \rho_1/\rho_2$, und das Ähnlichkeitsgesetz lautet:

$$(3.5) \qquad \phi = \frac{\rho_1}{\rho_2} \, \frac{\lambda^4}{\tau^2} .$$

<u>Kennzahlen</u>. Ähnlichkeitsgesetze können, wie oben gezeigt, direkt aus den die physikalischen Vorgänge beschreibenden Gleichungen abgeleitet werden. Unter einigen weiteren Verfahren [3.17; 3.18] hat sich die *Dimensionsanalyse* [3.8] dabei als sehr leistungsfähig erwiesen. Ziel ist es, neben den Ähnlichkeitsgesetzen *dimensionslose* Kenngrößen zu finden, die die Vorgänge charakterisieren. Sie werden Kennzahlen genannt.

Zwei physikalische Vorgänge sind ähnlich, wenn alle auftretenden

Kennzahlen einander paarweise gleich sind.

In Gl.(3.4) werden dazu die Ähnlichkeitsfaktoren durch die Verhältnisse der physikalischen Größen ersetzt.

$$\frac{F_1}{F_2} \frac{t_1^2}{t_2^2} \frac{m_2}{m_1} \frac{l_2}{l_1} = 1 .$$

Durch Umformen ergibt sich die dimensionslose Kenngröße

$$(3.6) \qquad \frac{F_1 t_1^2}{m_1 l_1} = \frac{F_2 t_2^2}{m_2 l_2} .$$

Diese Kennzahl der Dynamik wird als <u>Newton-Zahl Ne</u> bezeichnet und lautet somit:

$$(3.7) \qquad Ne = \frac{F t^2}{ml} \qquad\qquad \text{bzw.} \qquad Ne = \frac{F l}{m v^2} .$$

<u>Froudesches Modellgesetz</u>. In der Praxis ist es unmöglich, den geforderten *gleichen* Ähnlichkeitsfaktor für alle auftretenden Kräfte einzuhalten. Im folgenden werden daher einige Sonderfälle vorgestellt, in denen jeweils nur *eine* Kraftart wirksam ist. Wir beginnen mit der Schwerkraft.

$$(3.8) \qquad \vec{F} = m \, \vec{g} \qquad\qquad \text{bzw.} \qquad \vec{F} = \rho \, V \, \vec{g} ,$$

wobei $\vec{g}$ die örtliche Fallbeschleunigung ist.
Der Ähnlichkeitsfaktor der Kraft wird damit

$$(3.9) \qquad \phi_s = \mu \, \frac{g_1}{g_2} \qquad\qquad \text{bzw.} \qquad \phi_s = \frac{\rho_1}{\rho_2} \frac{g_1}{g_2} \lambda^3 ,$$

und das Newtonsche Ähnlichkeitsgesetz sowohl nach Gl.(3.4) als auch nach Gl.(3.5) geht über in

$$(3.10) \qquad \tau = \sqrt{\frac{g_2}{g_1}} \, \lambda .$$

Dies ist das <u>Froudesche Modellgesetz</u>, und nur ein Ähnlichkeitsfaktor ist frei wählbar. Ersetzt man wieder τ und λ durch die Verhältnisse der physikalischen Größen, erhält man das Modellgesetz in der Form

$$(3.11) \quad \frac{l_1}{t_1^2 g_1} = \frac{l_2}{t_2^2 g_2} \; .$$

Die Kennzahl wird <u>Froude-Zahl Fr</u> genannt:

$$(3.12) \quad Fr = \frac{l}{t^2 g} \qquad \text{oder} \qquad Fr = \frac{v^2}{gl} \; .$$

Betrachten wir beispielsweise zwei geometrisch ähnliche und ähnlich als physikalische Pendel aufgehängte Körper verschiedener
Dichte, so folgt nach dem Modellgesetz sofort, daß sich die Quadrate der Schwingungsdauern wie die Lineardimensionen verhalten.

<u>Reynoldssches Modellgesetz</u>. In realen Flüssigkeiten erfolgt die
Bewegung unter dem Einfluß von Reibungskräften, die unter dem
Begriff der *inneren Reibung* zusammengefaßt werden. Nach dem *Newtonschen Reibungsgesetz* ist die Reibungskraft zwischen zwei Flüs-
sigkeitsschichten mit der Berührungsfläche A

$$(3.13) \quad F_R = \eta \, A \frac{dv}{dx} \; ,$$

wobei η die dynamische Viskosität und dv/dx der Geschwindigkeits-
gradient senkrecht zu den Stromlinien ist. Der Ähnlichkeitsfaktor
der Reibungskraft wird damit

$$(3.14) \quad \phi_R = \frac{\eta_1}{\eta_2} \frac{\lambda^2}{\tau} \; .$$

Führt man die kinematische Viskosität $\nu = \eta/\rho$ ein, so ergibt sich
mit Gl.(3.5) das <u>Reynoldssche Modellgesetz</u>:

$$(3.15) \quad \tau = \frac{\nu_2}{\nu_1} \lambda^2$$

Die Kennzahl heißt <u>Reynolds-Zahl Re</u> und ist gegeben durch

$$(3.16) \quad Re = \frac{l^2}{\nu t} \qquad \text{oder} \qquad Re = \frac{vl}{\nu} \; .$$

Bei der Untersuchung von Flüssigkeitsströmungen findet dieses Gesetz breite Anwendung.

<u>Cauchysches Modellgesetz</u>. Für elastische, dem Hookeschen Gesetz $\sigma = E\varepsilon$ gehorchenden Kräfte ergibt sich ein Ähnlichkeitsfaktor

$$(3.17) \qquad \phi_E = \frac{E_1}{E_2}\,\lambda^2.$$

E ist der Elastizitätsmodul, σ die Normalspannung und $\varepsilon = \Delta l/l$ die Dehnung.

Das Newtonsche Ähnlicheitsgesetz (Gl.(3.5)) geht damit über in das Cauchysche Modellgesetz:

$$(3.18) \qquad \tau = \sqrt{\frac{\rho_1}{\rho_2}\,\frac{E_2}{E_1}}\;\lambda.$$

Die Kennzahl ist die sog. <u>Cauchy-Zahl Ca</u> und lautet:

$$(3.19) \qquad Ca = v/\sqrt{E/\rho}.$$

Das Modellgesetz wird bei Untersuchungen der Schwingungen elastischer Körper sowie der Strömung elastischer Flüssigkeiten benutzt. Bei Vorgängen mit reinen Schubspannungen wird E durch den Schubmodul G ersetzt. (Eine strengere dreidimensionale Ableitung [3.8] zeigt, daß für obiges Gesetz die Poisson-Zahl bei Modell und Original gleich sein muß.)

<u>Statische Ähnlichkeit</u>. Die Ähnlichkeitsfaktoren der Kräfte liefern direkt die Ähnlichkeitsgesetze der Statik. Mit Gl.(3.17) erhält man beispielsweise für elastische Kräfte (gleiche Poisson-Zahl wieder angenommen [3.18]) das <u>Hookesche Ähnlichkeitsgesetz</u>

$$(3.20) \qquad \frac{\sigma_1}{E_1} = \frac{\sigma_2}{E_2}$$

mit der Kennzahl <u>(Hooke-Zahl Ho)</u>

$$(3.21) \qquad Ho = \frac{\sigma}{E}.$$

Breite Anwendung hat dieses Ähnlichkeitsgesetz in der <u>Spannungsoptik</u> gefunden [3.14]. Von komplizierten mechanischen Bauteilen werden durchsichtige Modelle aus geeigneten Kunststoffen hergestellt und ähnlichen äußeren mechanischen Beanspruchungen ausgesetzt wie das Original. Durch die mechanischen Spannungen wird das ursprünglich isotrope Medium doppelbrechend. Bringt man das Modell in einen Polarisationsapparat mit gekreuzten Durchlaßrichtungen von Polarisator und Analysator, beobachtet man ein Interferenzmuster (Isochromaten), welches direkt den Spannungszustand wiederspiegelt.

3.2.2 Ähnlichkeitsgesetze der Teilchenoptik

Die Bewegung eines geladenen Teilchens in zeitlich konstanten elektrischen und magnetischen Feldern wird durch die Kräfte beschrieben

$$(3.22) \quad \vec{F} = q\vec{E} = -q\ \mathrm{grad}V \qquad \text{und} \qquad \vec{F} = q(\vec{v} \times \vec{B}).$$

q ist die Ladung des Teilchens, $\vec{E}$ die elektrische Feldstärke, V das elektrische Potential und $\vec{B}$ die magnetische Induktion. Für ähnliche Felder

$$(3.23) \quad \vec{E}_1 = \varepsilon_E\ \vec{E}_2 \qquad \text{und} \qquad \vec{B}_1 = \beta_B\ \vec{B}_2$$

ergeben sich die Ähnlichkeitsfaktoren der Kräfte zu

$$(3.24) \quad \phi_E = \frac{q_1}{q_2}\ \varepsilon_E \qquad \text{und} \qquad \phi_B = \frac{q_1}{q_2}\ \frac{\lambda}{\tau}\ \beta_B.$$

Für *nicht-relativistische* Teilchen gilt das Newtonsche Ähnlichkeitsgesetz, Gl.(3.4), und man erhält:

$$(3.25) \quad \frac{q_1}{q_2}\ \frac{\tau^2}{\mu\lambda}\ \varepsilon_E = 1 \qquad \text{und} \qquad \frac{q_1}{q_2}\ \frac{\tau}{\mu}\ \beta_B = 1.$$

Die Modellgesetze können damit für beide Felder geschrieben werden:

$$(3.26) \quad \frac{q_1}{m_1}\ \frac{t_1^{\,2}}{l_1}\ E_1 = \frac{q_2}{m_2}\ \frac{t_2^{\,2}}{l_2}\ E_2 \qquad \text{und} \qquad \frac{q_1}{m_1}\ t_1\ B_1 = \frac{q_2}{m_2}\ t_2\ B_2\,.$$

Mit der kinetischen Energie $E_{kin} = (1/2)mv^2$ und dem Impuls $p = mv$

lauten sie:

$$(3.27) \quad \frac{q_1 E_1 l_1}{E_{kin_1}} = \frac{q_2 E_2 l_2}{E_{kin_2}} \qquad \text{und} \qquad \frac{q_1 B_1 l_1}{p_1} = \frac{q_2 B_2 l_2}{p_2} \,.$$

Die elektrischen Felder werden üblicherweise durch metallische Elektrodenanordnungen im Vakuum erzeugt, die Äquipotentialflächen sind. Führen wir die Spannung U zwischen diesen Elektroden ein, folgt aus $U = \int \vec{E} \, d\vec{s}$ die Übertragung

$$(3.28) \quad U_1 = \varepsilon_E \, \lambda \, U_2.$$

Damit wird Gl.(3.27)

$$(3.29) \quad \frac{q_1 U_1}{E_{kin_1}} = \frac{q_2 U_2}{E_{kin_2}} \,.$$

Die Kennzahlen, in der Teilchenoptik oft Ähnlichkeitsparameter genannt, sind damit für die Bewegung in elektrischen und magnetischen Feldern:

$$(3.30) \quad \frac{q \, U}{E_{kin}} \qquad \text{und} \qquad \frac{q \, B \, l}{p} \,.$$

Sind diese Kennzahlen gleich, sind die Teilchenbahnen ähnlich, vorausgesetzt natürlich, daß die Anfangsbedingungen ebenfalls ähnlich sind, d.h. die Teilchen müssen an homologen Punkten unter gleichen Winkeln in die Felder eintreten. Diese Ähnlichkeitsgesetze spielen in der Elektronen- und Ionenoptik eine große Rolle [3.10]. Für relativistische Teilchen können sie entsprechend erweitert werden [3.7].

3.2.3 Ähnlichkeitsgesetze der Wärmeübertragung

Die Untersuchung der Wärmeübertragung ist eine komplizierte Aufgabe, da neben der Wärmeleitung auch die Wärmekonvektion und der Wärmeübergang zwischen festen Körpern, Flüssigkeiten und Gasen zu beachten sind. Ähnlichkeitsbetrachtungen haben daher gerade auch hier zu wichtigen allgemeinen Aussagen geführt und experimentelle Untersuchungen wesentlich erleichtert. Bei *thermischer Ähnlichkeit* gilt für die Temperaturen in zugeordneten Punkten des Originals und Modells

$$(3.31) \quad T_1 = \theta \, T_2.$$

Relativ einfach ist der Fall, wenn ruhende feste und geometrisch ähnliche Körper vorliegen. Die Differentialgleichung der Wärmeleitung lautet

$$\frac{\partial T}{\partial t} = a \nabla^2 T,$$

wobei a die sog. Temperaturleitfähigkeit ist.

Mit den Ähnlichkeiten nach Gl.(3.1) und Gl.(3.31) erhalten wir das Fouriersche Ähnlichkeitsgesetz

$$(3.32) \quad \tau = \frac{a_2}{a_1} \lambda^2$$

und als Kennzahl die Fourier-Zahl Fo

$$(3.33) \quad Fo = \frac{at}{l^2}.$$

In strömenden Flüssigkeiten und Gasen mit ähnlicher Geschwindigkeitsverteilung stellt λ/τ in Gl.(3.32) den Ähnlichkeitsfaktor der Geschwindigkeit dar, d.h. τ muß entsprechend gewählt werden. Gl.(3.32) gibt dann das sog. Pecletsche Modellgesetz mit der Peclet-Zahl Pe:

$$(3.34) \quad Pe = \frac{vl}{a}.$$

Weitere Ähnlichkeitsgesetze mit entsprechenden Kennzahlen folgen aus der Betrachtung des Wärmeübergangs bei freier oder erzwungener Konvektion [3.17]. Die Ähnlichkeitsgesetze der Hydrodynamik (Abschn.3.2.1) sind dabei selbstverständlich gleichzeitig zu beachten. Die dadurch bedingte Komplexität versucht man allerdings zu vereinfachen, indem man den Einfluß einzelner Kennzahlen auf das Problem abschätzt und sich auf die wesentlichen Parameter beschränkt. Dieses bewußte Abweichen von den strengen Modellgesetzen führt zur sog. *angenäherten Ähnlichkeit*, die in der Praxis natürlich eine große Bedeutung erlangt.

3.2.4   Ähnlichkeitsgesetze der Plasmaphysik

Die Ähnlichkeitsbetrachtungen der Plasmaphysik können in drei Gruppen zusammengefaßt werden:

__Gasentladungen__ [3.4],[3.5]. Bereits sehr früh verglich TOWNSEND *geometrisch ähnliche Gasentladungen* miteinander, um die im allgemeinen sehr komplexen Zusammenhänge zwischen den Entladungsparametern übersichtlicher einordnen zu können. Die geometrische Ähnlichkeit (Gl.(3.1)) fordert den gleichen Ähnlichkeitsfaktor λ auch für die mittleren freien Weglängen $\bar{l}$ der Ladungsträger und neutralen Teilchen. Da sie invers mit der Gasdichte n skalieren ($\bar{l} \sim n^{-1}$), erhalten wir für die Gasdichten

$$(3.35) \quad n_1 = \lambda^{-1}\, n_2.$$

Bei gleicher Temperatur ($T_1 = T_2$) in homologen Punkten ergibt die allgemeine Zustandsgleichung (p = n kT) für den Druck

$$(3.36) \quad p_1 = \lambda^{-1}\, p_2.$$

Verlangt man weiter für ähnliche Entladungen, daß die Ladungsträger zwischen zwei Stößen die gleiche kinetische Energie aufnehmen,

$$E_{kin} = q\, E_1\, \bar{l}_1 = q\, E_2\, \bar{l}_2,$$

so folgt für die Übertragung der Feldstärken

$$(3.37) \quad E_1 = \lambda^{-1}\, E_2,$$

und die Spannungen zwischen den jeweiligen Elektroden werden gleich:

$$(3.38) \quad U_1 = U_2.$$

Gl.(3.36) und Gl.(3.37) führen zur Ähnlichkeitsbeziehung

$$(3.39) \quad \frac{E_1}{p_1} = \frac{E_2}{p_2} \; .$$

Entsprechend ergibt die Einführung des Elektrodenabstands d mit $d_1 = \lambda \, d_2$:

$$(3.40) \quad p_1 \, d_1 = p_2 \, d_2 .$$

Die elektrische Raumladungsdichte $\rho = \rho^+ + \rho^- = e(n^+ - n^-)$ ist durch die Poissonsche Gleichung $\nabla^2 V = -\nabla.\vec{E} = -\rho/\varepsilon_o$ bestimmt, und die Ähnlichkeitsbeziehungen für die Ladungsträgerdichten werden:

$$(3.41) \quad n_1^{\,+} = \lambda^{-2} \, n_2^{\,+} \qquad \text{und} \qquad n_1^{\,-} = \lambda^{-2} \, n_2^{\,-} .$$

(Eine strenge Begründung, daß dies in der Tat für jede Trägersorte gilt, wird in [3.5] gegeben.)

Die gleiche kinetische Energie zwischen zwei Stößen führt zum gleichen Geschwindigkeitsfeld der Ladungsträger

$$(3.42) \quad \vec{v}_1 = \vec{v}_2 .$$

Der Ähnlichkeitsfaktor der Zeit wird damit

$$(3.43) \quad \tau = \lambda .$$

Die Stromdichte ist $\vec{j} = \rho^+ \, \vec{v}^+ + \rho^- \, \vec{v}^- = e \, n^+ \, \vec{v}^+ - e \, n^- \, \vec{v}^-$ und gehorcht der Ähnlichkeitsbeziehung

$$(3.44) \quad \vec{j}_1 = \lambda^{-2} \, \vec{j}_2 .$$

Für die Stromstärke $I = \int \vec{j} \, d\vec{A}$ erhalten wir schließlich

$$(3.45) \quad I_1 = I_2 .$$

Geometrisch ähnliche Gasentladungen mit gleichen Kennzahlen E/p

oder pd haben die gleiche Strom-Spannungs-Kennlinie.

Da die Zündspannung U_Z zur Kennlinie gehört, folgt direkt aus dem Ähnlichkeitsgesetz das <u>Paschen-Gesetz</u> für sie, das ursprünglich experimentell gefunden worden war:

$$(3.46) \quad U_Z = f(pd).$$

Zur Untersuchung der Gültigkeitsgrenzen des Ähnlichkeitsgesetzes müssen die in der Entladung auftretenden atomaren Elementarprozesse betrachtet werden [3.4], [3.5]. Sobald nicht-lineare Prozesse eine Rolle spielen (z.B. Stufenionisation oder Dreierstoßrekombination), verliert es seine Gültigkeit.

<u>Magnetohydrodynamik.</u> Die magnetohydrodynamische Beschreibung des Plasmas verknüpft die Gleichungen der Hydrodynamik mit den Maxwellschen Gleichungen. Wie in der Hydrodynamik kommt auch hier möglichen Ähnlichkeitsbetrachtungen große praktische Bedeutung zu.

Betrachten wir als einfaches Beispiel das Magnetfeld in einem mit der Geschwindigkeit $\vec{v}(\vec{r},t)$ bewegten Plasma der isotropen Leitfähigkeit σ, wobei die Wirkung der magnetischen Kräfte auf das Plasma vernachlässigt werden möge.

Aus den Maxwellschen Gleichungen und dem Ohmschen Gesetz [3.12]

$$(3.47) \quad \nabla \times \vec{B} = \mu_0 \, \vec{j}$$

$$(3.48) \quad \vec{j} = \sigma \, (\vec{E} + \vec{v} \times \vec{B})$$

$$(3.49) \quad \nabla \times \vec{E} = - \frac{\partial \vec{B}}{\partial t}$$

folgt die das Magnetfeld beschreibende Beziehung

$$(3.50) \quad \frac{\partial \vec{B}}{\partial t} = \frac{1}{\mu_0 \sigma} \, \nabla^2 \vec{B} + \nabla \times (\vec{v} \times \vec{B}).$$

Im Modell (Index 2) mit den Ähnlichkeitsfaktoren gemäß Gl.(3.1), Gl.(3.2) und Gl.(3.23) lautet die Gleichung:

$$\frac{\partial \vec{B}_2}{\partial t_2} = \frac{\tau}{\mu_o \sigma_1 \lambda^2} \, \nabla_2^2 \, \vec{B}_2 + \nabla_2 \times (\vec{v}_2 \times \vec{B}_2) .$$

Die Vorgänge in beiden Systemen verlaufen ähnlich, wenn gilt

$$(3.51) \quad \frac{\sigma_1}{\sigma_2} \frac{\lambda^2}{\tau} = 1, \qquad \text{bzw.}$$

$$(3.52) \quad \sigma_1 \, v_1 \, l_1 = \sigma_2 \, v_2 \, l_2 .$$

Die Kennzahl bezeichnet man als <u>magnetische Reynolds-Zahl Rm</u> und definiert sie

$$(3.53) \quad Rm = \mu_o \, \sigma \, v \, l .$$

In strömenden Plasmen sind bei ähnlichen Geschwindigkeitsfeldern die Magnetfelder ähnlich, wenn die magnetischen Reynolds-Zahlen gleich sind.

Weitere Ähnlichkeitsgesetze werden in der Literatur behandelt [3.3].

<u>Kinetische Theorie des Plasmas</u>. Ist man an mikroskopischen Vorgängen des Plasmas interessiert, benutzt man analog zur statistischen Mechanik der neutralen Gase eine Beschreibung, die auf kinetischen Gleichungen für die Verteilungsfunktionen der Teilchen im Phasenraum basiert. Für Zeiten, die klein sind gegen Stoßzeiten, erhält man je eine sog. Vlasov-Gleichung für die Verteilungsfunktion der Elektronen $f^-(\vec{r},\vec{v},t)$ wie auch der Ionen $f^+(\vec{r},\vec{v},t)$:

$$(3.54) \quad \frac{\partial f}{\partial t} + \vec{v}.\nabla f + \frac{q}{m} (\vec{E} + \vec{v} \times \vec{B}) \frac{\partial f}{\partial \vec{v}} = 0 .$$

Elektrisches Feld $\vec{E}$ und Magnetfeld $\vec{B}$ werden durch die Poissonsche bzw. Maxwellsche Gleichung bestimmt:

$$(3.55) \quad \nabla.\vec{E} = \frac{\rho}{\varepsilon_o} = \frac{1}{\varepsilon_o} \int (q^+ f^+ - e \, f^-) \, d^3 v = \frac{1}{\varepsilon_o} (q^+ n^+ - e \, n^-) ,$$

$$(3.56) \quad \nabla \times \vec{B} = + \mu_o \int (q^+ \vec{v}^+ f^+ - e \, \vec{v}^- f^-) \, d^3 v + \varepsilon_o \mu_o \frac{\partial \vec{E}}{\partial t} .$$

Ähnlichkeit in strengem Sinn [3.15] muß solche Effekte wie Mikroinstabilitäten, Turbulenz und Landau-Dämpfung einschließen und verlangt daher wie in der Teilchenoptik neben der Ähnlichkeit der Felder (Gl.(3.23)) geometrische, zeitliche und kinematische Ähnlichkeit (Gl.(3.1), (3.2)), wobei die Ähnlichkeitsfaktoren λ, τ und ϕ_v zunächst voneinander unabhängig gewählt werden können, da in den Verteilungsfunktionen $\vec{r}$, $\vec{v}$ und t unabhängige Variable sind.

Die geforderte Ähnlichkeit der Felder und der Anfangsbedingungen gibt mit Gl.(3.55) und Gl.(3.56) sowie mit

$$(3.57) \quad n = \int f(\vec{r},\vec{v},t)\,d^3v \qquad \text{und}$$

$$(3.58) \quad f_1(\vec{r}_1,\vec{v}_1,t_1) = \phi_f\, f_2(\vec{r}_2,\vec{v}_2,t_2)$$

folgende Beziehungen:

$$(3.59) \quad \frac{n_1^+}{n_2^+} = \frac{n_1^-}{n_2^-} = \frac{\varepsilon_E}{\lambda} = \phi_f^+ \phi_v^3 = \phi_f^- \phi_v^3 \quad \text{und} \quad q_1^+ = q_2^+,$$

$$(3.60) \quad \frac{\beta_B}{\lambda} = \phi_f\,\phi_v^4 \qquad \text{und} \qquad \frac{\beta_B}{\varepsilon_E} = \frac{\lambda}{\tau}.$$

Faßt man diese Gleichungen zusammen, so wird:

$$(3.61) \quad \phi_v = \frac{\beta_B}{\varepsilon_E} = \frac{\lambda}{\tau}, \quad \text{bzw.}$$

$$(3.62) \quad \frac{n_1}{n_2} = \frac{\beta_B}{\phi_v \lambda}.$$

Schließlich werden die Ähnlichkeitsrelationen in die Vlasov-Gleichung eingesetzt. Mit $m_1^- = m_2^-$ und $m_1^+ = m_2^+$ ergibt sich:

$$(3.63) \quad \frac{\partial f_2}{\partial t_2} + \phi_v \frac{\tau}{\lambda}\,\vec{v}_2 \cdot \nabla_2 f_2 + \frac{q_2}{m_2}\left[\frac{\varepsilon_E \tau}{\phi_v}\,\vec{E}_2 + \tau\beta_B\,\vec{v}_2 \times \vec{B}_2\right]\frac{\partial f_2}{\partial \vec{v}_2} = 0$$

Der Vergleich der dimensionslosen Faktoren liefert:

$$(3.64) \quad \frac{\phi_v \tau}{\lambda} = 1; \quad \frac{\varepsilon_E \tau}{\phi_v} = 1; \quad \tau\beta_B = 1$$

Eine Kombination dieser Relationen untereinander sowie mit denen der Gl.(3.60), Gl.(3.61) und Gl.(3.62) führt weiter zu:

$$(3.65) \qquad \phi_V = 1 \qquad \tau = \lambda \qquad \varepsilon_E = \beta_B = \lambda^{-1}$$

$$\frac{n_1}{n_2} = \lambda^{-2} \qquad \phi_f = \lambda^{-2} .$$

Es wird augenscheinlich, daß nur *ein* Ähnlichkeitsfaktor frei wählbar ist. Einige Ähnlichkeitsgesetze können so beispielsweise formuliert werden [3.15]:

$$(3.66) \qquad \vec{v}_1 = \vec{v}_2 ; \qquad \frac{t_1}{l_1} = \frac{t_2}{l_2} \qquad E_1 l_1 = E_2 l_2$$

$$B_1 l_1 = B_2 l_2 \qquad n_1 l_1^2 = n_2 l_2^2 .$$

Diese Ähnlichkeitsbetrachtungen wie auch die der Magnetohydrodynamik spielen naturgemäß eine Rolle, wenn man Vorgänge, die in astrophysikalischen Plasmen ablaufen, im Labor untersuchen will. Andererseits wird sehr intensiv versucht, Ergebnisse aus kleineren Versuchsanlagen auf Plasmen der Größenordnung zu skalieren, wie sie in einem künftigen Fusionsreaktor vorhanden sein werden.

3.2.5   <u>Zeitmaßstäbe der Modellversuche</u>

Interessante Möglichkeiten eröffnet die Betrachtung der Zeitmaßstäbe der Modellversuche, der *Modellzeiten* [3.13]. Setzt man in den im vorangegangenen behandelten Ähnlichkeitsgesetzen alle Ähnlichkeitsfaktoren mit Ausnahme der für Zeit und Länge gleich eins, so findet man:

$$(3.67) \qquad t_2 \sim \left(\frac{l_2}{l_1}\right)^k t_1 \qquad \text{mit} \qquad k = \tfrac{1}{2}; \ 1; \ 2.$$

Bei verkleinerten Modellen laufen damit alle dynamischen Vorgänge

mit kürzeren Zeitmaßstäben t_2 ab und liefern in der Gegenwart
Ergebnisse, die beim Original erst in der Zukunft auftreten wer-
den. Dieser Gesichtspunkt ist von großer Bedeutung auch bei der
Konzeption selbstoptimierender Regelsysteme.

3.3 Analogieversuche

Physikalische Vorgänge in verschiedenen Gebieten der Physik, die
einschließlich der Rand- und Anfangsbedingungen durch mathematisch
gleiche Differentialgleichungen beschrieben werden, bezeichnet man
als *analog*. Analogien ermöglichen die Untersuchung eines komplizierten physikalischen Systems in einem anderen Gebiet unter gegebenenfalls experimentell günstigeren Bedingungen. Für die Er-
kenntnisgewinnung in der Physik waren und sind Analogiebetrachtun-
gen seit je von Bedeutung, da sie nicht nur durch wechselseitige
Befruchtung zur Entwicklung einzelner Disziplinen beitragen, sondern zu allgemeinen physikalischen Prinzipien führen, die verschiedenen Erscheinungen zugrunde liegen. Ein typisches Beispiel
sind die Transportvorgänge [3.6].

3.3.1 Analogie von Transportvorgängen

Wir betrachten Wärmeleitung, Diffusion und elektrischen Ladungs-
fluß. Die Wärmestromdichte $\vec{\jmath}_T$, die Teilchenstromdichte $\vec{\jmath}_n$ und die
elektrische Stromdichte $\vec{\jmath}_E$ werden durch das 1. Fouriersche Gesetz
der Wärmeleitung, das 1. Ficksche Gesetz der Diffusion und durch
das Ohmsche Gesetz beschrieben:

$$(3.68) \quad \text{(a)} \ \vec{\jmath}_T = -\lambda_T \, \nabla T \qquad \text{(b)} \ \vec{\jmath}_n = -D \, \nabla n \qquad \text{(c)} \ \vec{\jmath}_E = -\sigma \, \nabla V.$$

λ_T ist die sog. Wärmeleitfähigkeit, D der Diffusionskoeffizient.
Diese sofort augenscheinliche Analogie eröffnet eine ganze Reihe
von Möglichkeiten und führte insbesondere bei komplizierten wärme-
technischen Problemen zu verschiedenen elektrischen Analogieversuchen [3.2]. Für nichtstationäre Vorgänge existieren die ent-

sprechenden Analogien:

$$(3.69) \quad \text{(a)} \ \frac{\partial T}{\partial t} = a \, \nabla^2 T \qquad \text{(b)} \ \frac{\partial n}{\partial t} = D \, \nabla^2 n \qquad \text{(c)} \ \frac{\partial V}{\partial t} = \frac{\sigma}{C^*} \, \nabla^2 V.$$

Die Gesetze (a) und (b) werden als 2. Fouriersches Gesetz der Wärmeleitung und 2. Ficksches Gesetz der Diffusion bezeichnet. a ist die Temperaturleitfähigkeit. Das 3. Gesetz erhält man aus der in der Elektrizitätslehre üblichen Kontinuitätsgleichung für die Ladungsdichte q,

$$(3.70) \quad \frac{\partial q}{\partial t} + \nabla \cdot \vec{j}_E = 0,$$

durch Einsetzen von Gl.(3.68c) und Einführung einer Kapazität pro Volumeneinheit C* gemäß der Definitionsgleichung dq = C*dV. Die Analogie zwischen zwei Systemen ist erreicht, wenn die entsprechenden Ähnlichkeitszahlen gleich sind. Bei Betrachtung von Wärmeleitung (Index T) und elektrischem Stromfluß (Index E) verlangt man so für die entsprechenden Zeiten t und Längen l:

$$Fo = \frac{a t_T}{l_T^2} = \frac{\sigma \, t_E}{C^* l_E^2} \, .$$

Die Analogiebeziehung (Analogieinvariante) lautet damit:

$$(3.71) \quad \left[\frac{\sigma/C^*}{a} \right] \left[\frac{t_E}{t_T} \right] \left[\frac{l_T}{l_E} \right]^2 = 1$$

Sie enthält zwei *Analogiekonstanten* t_E/t_T und $(l_E/l_T)^{-2}$ sowie eine *echte Analogiekennzahl*, die <u>Beuken-Zahl Beu</u> genannt wird [3.11]:

$$(3.72) \quad Beu = \frac{\sigma/C^*}{a} \, .$$

Analogiekennzahlen sind dimensionslos und setzen sich ausschließlich aus Stoffgrößen verschiedener physikalischer Systeme zusammen.

Entsprechend liefert der Vergleich von Wärmeleitung und Diffusion die Analogieinvariante

$$(3.73) \quad \left[\frac{a}{D} \right] \left[\frac{t_T}{t_D} \right] \left[\frac{l_D}{l_T} \right]^2 = 1$$

mit der <u>Lewis-Zahl Le</u> als Analogiekennzahl:

(3.74) $Le = \dfrac{a}{D}$.

Weitere Analogiebeziehungen werden ausführlich in [3.11] behandelt.

Ein Beispiel möge einen solchen Analogieversuch illustrieren. In einem aus verschiedenen Materialien zusammengesetzten Gebilde soll bei einer punktförmigen Wärmequelle die räumliche Temperaturverteilung zeitabhängig bestimmt werden. Man führt dazu einen entsprechenden Diffusionsversuch etwa mit schwach radioaktiven Teilchen in einem Modell durch, in dem die Lewis-Zahl überall gleich gewählt wird und zusammen mit den Ähnlichkeitskonstanten Gl.(3.73) erfüllt. Mit geeigneten Detektoren kann die Diffusion bequem verfolgt werden.

Bei elektrischen Analogieversuchen ersetzt man dagegen in den meisten Fällen das kontinuierliche Medium durch ein geeignet gewähltes System diskreter elektrischer Schaltelemente [3.11].

3.3.2 Analogie von Potential- und Strömungsfeldern

Für stationäre Vorgänge gehen die Gleichungen (3.69) über in

(3.75) $\nabla^2 T = 0,$ $\nabla^2 n = 0,$ $\nabla^2 V = 0.$

Temperaturfeld, Diffusionsfeld und elektrisches Feld gehorchen damit ebenso der generellen Laplaceschen Gleichung wie z.B. Potentialströmungen und elektrostatisches Feld bei Abwesenheit von Raumladungen ($\rho = 0$). Lösungen aus einem Gebiet können daher ohne weiteres übertragen werden, vorausgesetzt, daß sich die Gleichungen zur Beschreibung der Randbedingungen ebenfalls in ihrem Aufbau gleichen. Der einfachste Fall liegt vor, wenn das Potential auf dem Rand gegeben und sogar konstant ist, d.h. der Rand eine Äquipotentialfläche darstellt.

In der Praxis hat sich der *elektrolytische Trog* zur experimentellen Ausmessung von Potentialfeldern (eine relative Genauigkeit von etwa 0,2 % wird erreicht) noch behauptet, obwohl Computer zur Berechnung der Felder in steigendem Maße eingesetzt werden. Der elektrolytische Trog besteht aus einem genügend großen, mit einem Elektrolyten gefüllten Behälter, in den Elektroden aus Metall eingebracht werden, die denen des zu untersuchenden elektrostatischen Feldes geometrisch ähnlich sind, bzw. den Randbedingungen des analogen Problems entsprechen. Wegen des großen Leitfähigkeitssprungs zwischen Metall und Elektrolyt sind die Elektroden auch hier Äquipotentialflächen. Das Potentialfeld wird schließlich mit einer Sonde abgetastet und aufgezeichnet [0.2], [3.7], [3.11].

3.3.3 Teilchenbahnen in Magnetfeldern

Teilchenbahnen in zeitlich konstanten Magnetfeldern lassen sich anschaulich mit einem Verfahren darstellen, das auf einer Analogie zwischen der Bahnkurve und der Gleichgewichtsform eines stromdurchflossenen, gespannten biegsamen Drahtes im gleichen Feld beruht [3.9]. Die Bewegungsgleichung für ein Teilchen mit dem Impuls $\vec{p}$ lautet:

$$q(\vec{v} \times \vec{B}) = \dot{\vec{p}}.$$

Betrachten wir die Bahnkurve als Funktion der Bogenlänge s, d.h. $\vec{r} = \vec{r}(s)$, so ergibt sich mit

$$\vec{v} = v\,\frac{d\vec{r}}{ds}, \qquad \vec{p} = \frac{d\vec{r}}{ds}, \qquad p = \text{const}$$

$$\dot{\vec{p}} = \dot{p}\,\frac{d\vec{r}}{ds} + p\,v\,\frac{d^2\vec{r}}{ds^2} = p\,v\,\frac{d^2\vec{r}}{ds^2}$$

die Gleichung der Bahn des Teilchens zu

$$(3.76) \qquad \frac{d\vec{r}}{ds} \times \vec{B} = \frac{p}{q}\,\frac{d^2\vec{r}}{ds^2}$$

Auf ein Leiterelement der Länge $d\vec{r}$, welches vom Strom I durchflossen wird, wirkt die Kraft

$$d\vec{F}_I = I\,(d\vec{r} \times \vec{B}).$$

Ihr muß die Zugkraft S das Gleichgewicht halten, mit der der Draht an den Enden festgehalten wird. Sie ist überall entlang des Drahtes vorhanden und wirkt so auch an den Enden des Leiterelements. Die Resultierende hängt von der Krümmung des Elements ab und ergibt sich zu

$$d\vec{F}_S = S\,ds\,\frac{d^2\vec{r}}{ds^2}.$$

Das Gleichgewicht $d\vec{F}_I + d\vec{F}_S = 0$ führt dann auf die Gleichung für den Draht:

$$(3.77) \qquad \frac{d\vec{r}}{ds} \times \vec{B} = -\frac{S}{I}\frac{d^2\vec{r}}{ds^2}.$$

Teilchenbahn und Draht werden damit durch eine identische Kurve beschrieben, wenn bei <u>gleichen</u> Anfangsbedingungen

$$(3.78) \qquad \frac{p}{q} = -\frac{S}{I}$$

gewählt wird.

Ein Experimentator ohne Plan ist wie ein Schiff im Sturm ohne Steuer.

4. Auswertung von Messungen

Das Ergebnis einer Messung ist ein Zahlenwert *(Meßwert)* einer physikalischen Größe *(Meßgröße)*. Bei einem *direkten* Meßverfahren stellt dies unmittelbar auch gleich das endgültige *Meßergebnis* dar, während bei *indirekten* Verfahren dieses erst aus einem oder mehreren Meßwerten unterschiedlicher physikalischer Größen mit Hilfe eindeutiger mathematischer Beziehungen ermittelt wird.

Die Erfahrung lehrt, daß bei einer Wiederholung der Messung in den meisten Fällen ein etwas vom ersten Zahlenwert abweichendes Ergebnis gefunden wird, auch wenn alle Arbeiten mit der gleichen Sorgfalt durchgeführt werden. Damit wird die Frage nicht nur nach dem *wahren* Wert der gesuchten physikalischen Größe aufgeworfen, sondern auch nach der Genauigkeit, mit der man diesen aus gegebenen Messungen bestimmen kann, vorausgesetzt natürlich, daß ein solcher Wert eindeutig existiert. Die Abweichungen eines Meßwertes x vom wahren Wert x_O, der im allgemeinen unbekannt ist, bezeichnet man als <u>wahren Fehler</u> e:

$$(4.1) \qquad e = x - x_O.$$

Fehler müssen nach verschiedensten Gesichtspunkten einer kritischen Analyse unterzogen werden; man muß versuchen, ihre Ursachen zu erkennen, sie gegebenenfalls zu vermeiden bzw. wenigstens so klein wie möglich zu halten. Entsprechend den Ursachen werden die *unvermeidbaren* Fehler in zwei Gruppen eingeteilt, in *systematische* und *zufällige* oder *statistische* Fehler; beide Arten werden nach völlig unterschiedlichen Methoden behandelt, woraus auch unterschiedliche Möglichkeiten zu ihrer Korrektur resultieren. Eine dritte Gruppe, die *groben* Fehler, sind durch unkorrekte Arbeitsweise und einzelne Bedienungsfehler verursacht. Sie sind im Prinzip vermeidbar und können oft als sog. "Ausreißer" leicht erkannt werden.

4.1 Fehlerquellen und Fehlerarten

<u>Systematische Fehler</u> haben viele Ursachen und sind schwierig zu
entdecken, da sie in vielen Fällen bei einer Wiederholung der
Messung immer in gleicher Größe auftreten. Typische Fehlerquellen
sind
- Unvollkommenheiten der verwendeten Meßgeräte (z.B. Linearitäts-
  fehler, Nullpunktsverschiebung, Eichfehler)
- Unvollkommenheit des benutzten Meßverfahrens
- Schlechte·Justierung der Meßanordnung
- Nichtausreichende Konstanz der Versuchsbedingungen
- Umwelteinflüsse
- Gleichbleibende Fehler des Experimentators
- Noch nicht bekannte Einwirkungen weiterer Parameter.

Das Auffinden und die Beurteilung dieser Fehler sowie ihre Korrektur sind oft schwierig, da es keine allgemeinen Vorschriften
dafür gibt. Man wird sicherlich die Versuchsbedingungen variieren
und alle oben erwähnten Fehlerquellen sowie die Durchführung des
Versuchs überprüfen; in Zweifelsfällen bleibt nur die radikalste
Lösung, nämlich ein völlig anderes Meßverfahren einzusetzen. Ent-
scheidend ist letztlich die kritische Einstellung des Experimentators und vor allem seine Erfahrung. Selbstverständlich hilft hier
die fortschreitende Experimentiertechnik und führt in vielen Fällen zur Beseitigung einzelner Fehlerursachen. Ein klassisches
Beispiel kann dies veranschaulichen. Frühe Untersuchungen an atomaren und molekularen Teilchen wurden dadurch gestört, daß diese
mit dem Hintergrundgas Stöße ausführten. Die Durchführung des
Versuchs im Ultrahochvakuum kann diese Fehler heute vollständig
eliminieren.

<u>Zufällige Fehler</u> haben ebenfalls viele, im einzelnen nicht näher
spezifizierbare Ursachen, doch führt ihr Zusammenwirken zu einer
Streuung der einzelnen Meßwerte, die nur vom Zufall abhängt. Be-
trag und Vorzeichen dieser definitionsgemäß unvorhersehbaren Fehler können daher für die einzelne Messung zunächst nicht angegeben
werden. Man ist gezwungen, die Messung so oft wie sinnvoll zu wiederholen und die Gesamtheit der Meßwerte mit Methoden der Wahrscheinlichkeitsrechnung und mathematischen Statistik zu behandeln.

Beide mathematischen Disziplinen bilden die Grundlage der sog. *Fehlerrechnung*, die in den nächsten Kapiteln kurz vorgestellt wird. Ausführliche Darstellungen findet man im angegebenen Schrifttum [4.2] bis [4.9].

4.2   Grundlagen der Fehlerrechnung

4.2.1   Häufigkeit, Wahrscheinlichkeit, Mittelwert, Varianz

Die Fehlertheorie befaßt sich ausschließlich mit den zufälligen Fehlern. Wir beginnen mit dem einfachsten Fall, daß die gleiche physikalische Größe n mal gemessen wird. Bei einer kontinuierlich veränderlichen Meßgröße x unterteilt man den Bereich der gemessenen n Werte in eine Reihe von gleich großen Intervallen (Klassen) der Breite Δx und bestimmt die Anzahl der in jede Klasse ($x_i \pm \Delta x/2$) entfallenden Meßwerte. Diese Häufigkeitsverteilung kann in einem Diagramm dargestellt werden, das Histogramm genannt wird (Fig. 4.1). Es vermittelt direkt einen visuellen Eindruck vom Ausgang der Messungen. Das Auftreten eines bestimmten Meßwertes x_i ist zwar zufallsbedingt, doch wird offenkundig, daß auch für diese Zufälligkeiten eine gewisse Ordnung gilt.

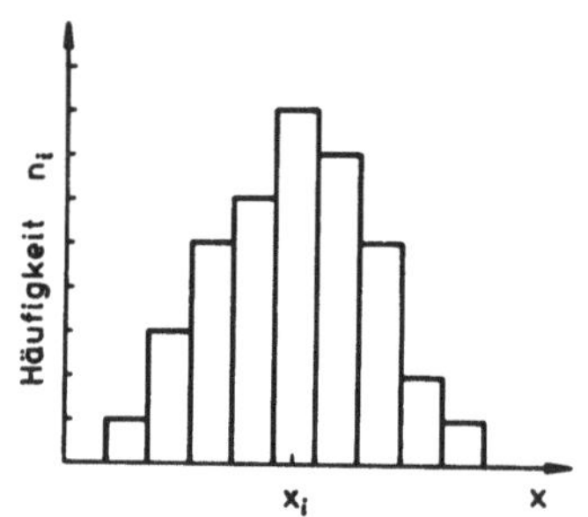

Fig. 4.1: Histogramm einer Meßreihe

Zum Vergleich von Meßreihen ist es zweckmäßig, statt der absoluten Häufigkeiten n_i (Anzahl der Meßwerte je Klasse x_i) *relative Häufigkeiten* $h_i = n_i/n$ aufzutragen. Sie sind auf 1 normiert, $\Sigma h_i = 1$. Mit zunehmender Anzahl n der Messungen strebt die Verteilung einer *Grenzhäufigkeitsverteilung* zu, die exakt betrachtet nur für die *unbegrenzte* Meßreihe gilt. Die Existenz einer Grenzverteilung ist eine der grundlegenden Annahmen der Fehlerrechnung, die experimentell streng nicht verifizierbar ist. Mathematisch erhält man den Grenzwert für jede Klasse:

$$(4.2) \quad P(x_i) = \lim_{n \to \infty} \frac{n_i}{n} \qquad \text{mit} \qquad \sum_i P(x_i) = 1.$$

Er ist nichts anderes als die *Wahrscheinlichkeit* für das Auftreten eines Meßwerts in dem betreffenden Intervall (i) bei einer Einzelmessung.

Die Grenzhäufigkeitsverteilung geht in eine glatte Kurve durch den Grenzübergang $\Delta x \to 0$ über, die Wahrscheinlichkeit für einen Meßwert x im Intervall Δx wird $p(x)\Delta x$. Die Funktion $p(x)$ bezeichnet man als *Wahrscheinlichkeitsdichte*. Die Wahrscheinlichkeit P, einen Meßwert im Intervall $[x_1, x_2]$ zu finden, wird damit

$$(4.3) \quad P(x_1 \leq x \leq x_2) = \int_{x_1}^{x_2} p(x)dx$$

mit der Normierung

$$(4.4) \quad \int_{-\infty}^{\infty} p(x)dx = 1.$$

Die Wahrscheinlichkeit für einen Meßwert im gesamten Bereich von $-\infty$ bis x wird in der Statistik [4.9] als *Verteilungsfunktion* $F(x)$ bezeichnet und ist definiert als

$$(4.5) \quad F(x) = \int_{-\infty}^{x} p(z)dz.$$

Die Grenzhäufigkeitsverteilung bzw. die Verteilungsfunktion enthalten in komprimierter Form die <u>gesamte</u> Information, die ein Versuch geben kann [4.2], also prinzipiell auch den wahren Wert x_O. Er wird jetzt definiert als der *(arithmetische) Mittelwert* oder *Erwartungswert* E der Größe x, gebildet mit der Grenzhäufigkeitsverteilung [4.9]:

$$(4.6) \quad x_O = \bar{x} = E(x) = \sum_i x_i \, P(x_i)$$

für diskrete Verteilungen bzw.

$$(4.7) \quad x_O = \bar{x} = E(x) = \int_{-\infty}^{\infty} x \, p(x)dx = \int_{-\infty}^{\infty} x dF(x)$$

für kontinuierliche Verteilungen.

Es ist plausibel, daß beim Vergleich von Messungen der gleichen physikalischen Größe mit verschiedenen Verfahren derjenigen Meßserie eine höhere Präzision zugesprochen werden muß, die die schmalste Verteilungskurve ergibt. Je schmäler die Kurve ist, um so kleiner ist der Fehler $e = x - \bar{x}$ einer Einzelmessung. Es ist daher zweckmäßig, eine Häufigkeitsverteilung neben ihrem Mittelwert auch noch durch ein geeignetes Maß für ihre Breite zu charakterisieren. Der arithmetische Mittelwert des Fehlers e ist dazu nicht geeignet, da er gleich Null ist. Man wählt den Erwartungswert des Quadrats des Fehlers, den man als *Varianz* σ^2 bezeichnet.

$$(4.8) \qquad \sigma^2 = E(e^2) = \int_{-\infty}^{\infty} e^2 p(x)x\,dx = \int_{-\infty}^{\infty} (x-\bar{x})^2\, p(x)\,dx.$$

(Für diskrete Verteilungen erhält man die entsprechende Gleichung.) Die Wurzel aus der Varianz wird *Standardabweichung σ der Verteilung* genannt, und sie ist ein direktes Maß für die Ausdehnung der Verteilung, d.h. die Streuung der Meßwerte. Wir lösen Gl.(4.8) auf und erhalten mit den Gln.(4.4) und (4.7):

$$\sigma^2 = \int_{-\infty}^{\infty} x^2 p(x)\,dx - 2\bar{x} \int_{-\infty}^{\infty} x\, p(x)\,dx + (\bar{x})^2 \int_{-\infty}^{\infty} p(x)\,dx,$$

$$(4.9) \qquad \sigma^2 = \overline{x^2} - (\bar{x})^2 = E(x^2) - \left[E(x)\right]^2.$$

Diese Beziehung gilt für alle Verteilungen und ist von praktischem Wert.

In der Statistik bezeichnet man die Gesamtheit aller unter gleichen Bedingungen möglichen Messungen als *Grundgesamtheit*. Sie ist für unsere Fälle unendlich groß, d.h. die Realisierung der Grenzhäufigkeitsverteilung ist nicht erreichbar. Man wird sich immer mit einer endlichen Anzahl n von Messungen begnügen müssen, die man als *Stichprobe vom Umfang n* bezeichnet, und die eine <u>zufällige</u> Auswahl aus der Grundgesamtheit darstellt. Von dieser Stichprobe will man so gut wie möglich auf die Eigenschaften der Grundgesamtheit schließen. Die charakteristischen Größen einer Stichprobe

werden dazu ganz entsprechend definiert, wobei man allerdings im
Auge behalten muß, daß sie selbst jetzt Zufallsvariable der Stichprobe sind.

Der arithmetische Mittelwert (Durchschnitt) wird als bester
Schätzwert des wahren Wertes betrachtet:

$$(4.10) \quad \bar{x}_n = \frac{1}{n} \sum_{i=1}^{n} x_i.$$

(Eine Begründung kann nach der Gaußschen Methode der kleinsten
Quadrate erfolgen.)

Analog zu Gl.(4.8) führt man die Varianz s_n^2 der Stichprobe als
Mittelwert jetzt aber der Quadrate der Abweichungen $(x_i - \bar{x}_n)$ ein
(der wahre Fehler e_i kann nicht angegeben werden, da der wahre
Wert $\bar{x}$ nicht bekannt ist):

$$(4.11) \quad s_n^2 = \frac{1}{n-1} \sum_{i=1}^{n} (x_i - \bar{x}_n)^2.$$

(Der Nenner (n-1) anstelle von n zeigt an, daß erst die zweite
Messung als Vergleichsmessung anzusehen ist. Mathematisch wird er
dadurch begründet, daß nur mit ihm der Erwartungswert von s_n^2
gleich der Varianz der Grundgesamtheit wird.)

Die Wurzel aus der Varianz ist die *Standardabweichung* s_n *der
Stichprobe*. Sie charakterisiert die Streuung der *einzelnen* Meßwerte um den Mittelwert und ist die beste Schätzung für die Standardabweichung σ der Grundgesamtheit, wie sie aus einer Stichprobe vom
Umfang n gewonnen werden kann. s_n wird auch *mittlerer quadrati-
scher Fehler* genannt.

Für die praktische Berechnung der Varianz erweist sich eine
Umformung als recht günstig, die der Gl.(4.9) entspricht:

$$s_n^2 = \frac{1}{n-1} \sum_{i=1}^{n} (x_i - \bar{x}_n)^2 = \frac{1}{n-1} \left[\sum_{i=1}^{n} x_i^2 - 2\bar{x}_n \sum_{i=1}^{n} x_i + n[\bar{x}_n]^2 \right],$$

$$(4.12) \quad s_n^2 = \frac{1}{n-1} \left[\sum_{i=1}^{n} x_i^2 - \frac{1}{n} \left[\sum_{i=1}^{n} x_i \right]^2 \right].$$

Neben dem Mittelwert einer Meßreihe ist der Experimentator an dessen Genauigkeit interessiert. Wir denken uns dazu die Messung vom Stichprobenumfang n sehr oft wiederholt. Die jeweils gewonnenen Mittelwerte $\bar{x}_n$ bilden wieder eine Verteilung, deren Standardabweichung $s_{\bar{x}}$ ein Maß für die Streuung eines Einzelergebnisses ist, hier also eines Mittelwerts. $s_{\bar{x}}$ wird daher als die *Standardabweichung des Mittelwerts* (auch mittlerer Fehler des Mittelwerts) bezeichnet. Mit Hilfe des Fehlerfortpflanzungsgesetzes (Abschn. 4.2.5) erhält man:

$$(4.13) \quad s_{\bar{x}} = \frac{s_n}{\sqrt{n}} = \sqrt{\frac{1}{n(n-1)} \sum_{i=1}^{n} (x_i - \bar{x}_n)^2} \; .$$

Die Standardabweichung des Mittelwerts von n Messungen beträgt das $1/\sqrt{n}$ fache der Standardabweichung der Einzelmessung. Die Präzision einer Messung nimmt somit für große n nur sehr langsam bei einer Erhöhung der Anzahl der Messungen zu. Eine Verbesserung des Meßverfahrens, die zu einer kleineren Standardabweichung s_n der Einzelmessung führt, ist daher u.U. viel effizienter und sollte zuerst versucht werden.

4.2.2 Wahrscheinlichkeitsverteilungen

In diesem Abschnitt werden die für die Auswertung von Beobachtungen wichtigsten Verteilungen der Grundgesamtheiten vorgestellt. Es sind in der Tat verschiedene Verteilungen möglich, da neben der Streuung der Meßwerte durch zufällige Fehler auch statistische Schwankungen der Meßgröße selbst auftreten können. Beispiele hierfür sind der radioaktive Zerfall und die spontane Strahlungsemission (siehe auch Abschn.6.2).

4.2.2.1 Gauß- oder Normalverteilung

Sie wurde von C.F. Gauß gefunden und kann *a priori* in der Fehlertheorie hergeleitet werden. Ihre große Bedeutung hat sie dadurch erlangt, daß einerseits bereits viele physikalische Größen exakt oder angenähert Wahrscheinlichkeitsdichten dieser Form haben, andererseits die Verteilung der Meßwerte in außerordentlich vielen Fällen tatsächlich durch sie sehr gut beschrieben wird. Dazu kommt, daß andere Verteilungen bei einer Vergrößerung ihrer Merkmalbereiche in sie übergehen, so daß die Normalverteilung dann an deren Stelle herangezogen werden kann. Die Wahrscheinlichkeitsdichte für die Zufallsvariable x lautet:

$$(4.14) \quad p(x;x_0,\sigma) = \frac{1}{\sqrt{2\pi}\,\sigma} \exp\left[-\frac{(x-x_0)^2}{2\sigma^2}\right] \quad \text{für} \quad -\infty < x < \infty$$

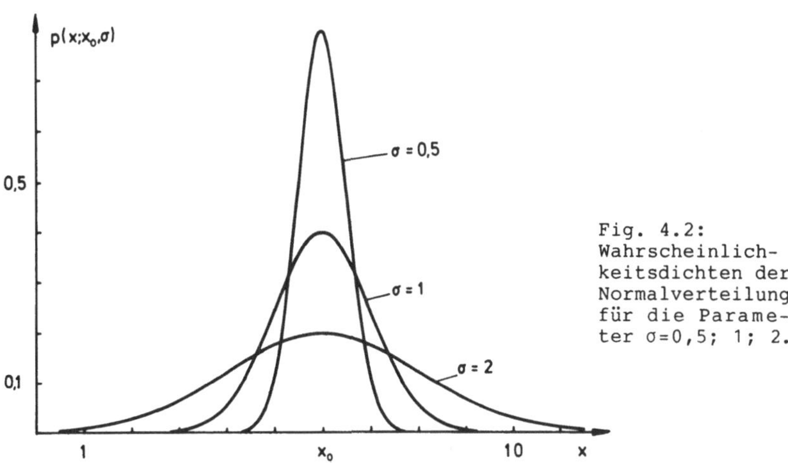

Fig. 4.2: Wahrscheinlichkeitsdichten der Normalverteilung für die Parameter $\sigma = 0,5$; 1; 2.

In Fig. 4.2 ist sie für die Parameter $\sigma = 0,5$, 1 und 2 dargestellt. Sie hat folgende wesentliche Eigenschaften:

1) Sie ist symmetrisch um den Wert $x = x_0$.

2) Der Erwartungswert ist:

$$\bar{x} = E(x) = \int_{-\infty}^{\infty} x\, p(x;x_0,\sigma)dx = x_0.$$

Er hat die maximale Wahrscheinlichkeitsdichte $p(x_0;x_0,\sigma) = \dfrac{1}{\sqrt{2\pi}\,\sigma}$:

3) Auf beiden Seiten des Maximums fällt p monoton ab und

nähert sich asymptotisch dem Wert Null.

4) Varianz und Standardabweichung ergeben sich zu:

$$\text{Varianz} = \int_{-\infty}^{\infty} (x - x_0)^2 \, p(x;x_0,\sigma)dx = \sigma^2 .$$

Standardabweichung $= \sigma$.

5) Fig. 4.2 illustriert, wie mit größer werdender Standardabweichung die Verteilung immer breiter und das Maximum immer niedriger wird. Die Fläche unter der Kurve bleibt infolge der Normierung $\int p dx = 1$ aber gleich.

Die *standardisierte* Form der Normalverteilung erhält man durch die Transformation

$$(4.15) \quad u = \frac{x - x_0}{\sigma} .$$

Mit $p(x)dx = \varphi(u)du$ wird:

$$(4.16) \quad \varphi(u) = \frac{1}{\sqrt{2\pi}} \exp\left(-\frac{u^2}{2}\right) .$$

Die Verteilungsfunktion der Gauß-Verteilung ist nach Gl.(4.5) definiert zu:

$$(4.17) \quad F(x) = \frac{1}{\sqrt{2\pi}\,\sigma} \int_{-\infty}^{x} \exp\left[-\frac{1}{2}\left(\frac{z - x_0}{\sigma}\right)^2\right]dz .$$

Sie kann nicht mehr durch elementare Funktionen dargestellt werden und ist daher in vielen Werken in der standardisierten (normierten) Form $\Phi(u)$ tabelliert [4.1]:

$$(4.18) \quad \Phi(u) = \frac{1}{\sqrt{2\pi}} \int_{-\infty}^{u} \exp\left[-\frac{1}{2}t^2\right]dt .$$

Oft wird allerdings die sog. *Fehlerfunktion* (auch *Gaußsches Fehlerintegral*) erf(u) vorgezogen:

$$(4.19) \quad \text{erf}(u) = \frac{2}{\sqrt{\pi}} \int_{o}^{u} \exp(-t^2)dt = 2\Phi(u\sqrt{2}) - 1 .$$

Eine für die praktische Benutzung wichtige Beziehung ergibt sich dann zu:

$$(4.20) \quad F(x) = \Phi\left(\frac{x - x_o}{\sigma}\right) = \frac{1}{2}\left[1 + \text{erf}\left(\frac{x - x_o}{\sqrt{2}\,\sigma}\right)\right].$$

Fig. 4.3 zeigt die standardisierte Form der Normalverteilung und ihrer Verteilungsfunktion.

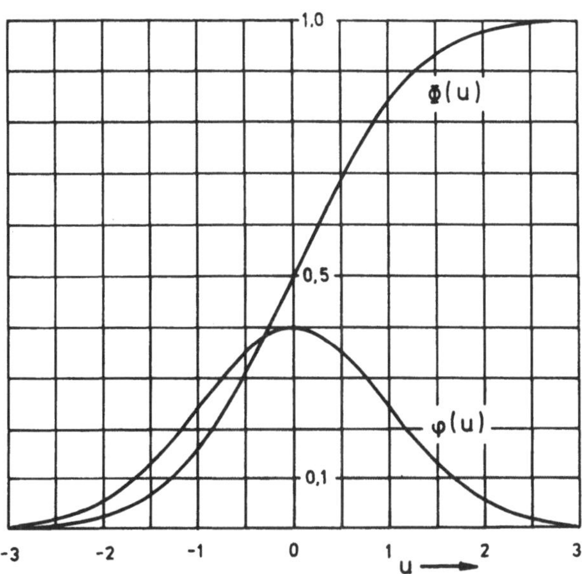

Fig. 4.3: Standardisierte Form der Normalverteilung φ(u) und ihrer Verteilungsfunktion Φ(u)

Die Wahrscheinlichkeit für eine normalverteilte Zufallsvariable x im Intervall $[x_1, x_2]$ wird somit:

$$(4.21) \quad P(x_1 \leq x \leq x_2) = F(x_2) - F(x_1) =$$

$$= \Phi\left(\frac{x_2 - x_o}{\sigma}\right) - \Phi\left(\frac{x_1 - x_o}{\sigma}\right)$$

$$= \frac{1}{2}\left[\text{erf}\left(\frac{x_2 - x_o}{\sqrt{2}\,\sigma}\right) - \text{erf}\left(\frac{x_1 - x_o}{\sqrt{2}\,\sigma}\right)\right].$$

In Prozent ausgedrückt bezeichnet man P auch als *statistische Sicherheit*. Tabelle 4.1 gibt diese Werte für einige häufig interessierende Intervalle an.

Intervall			P %
$x_O - \sigma$	$\leq x \leq$	$x_O + \sigma$	68,3
$x_O - 1{,}96\ \sigma$	$\leq x \leq$	$x_O + 1{,}96\ \sigma$	95
$x_O - 2\ \sigma$	$\leq x \leq$	$x_O + 2\ \sigma$	95,5
$x_O - 2{,}58\ \sigma$	$\leq x \leq$	$x_O + 2{,}58\ \sigma$	99
$x_O - 3\ \sigma$	$\leq x \leq$	$x_O + 3\ \sigma$	99,7

Tabelle 4.1: Statistische Sicherheiten für bestimmte Intervalle

Fig. 4.4 illustriert die Bereiche $\pm\ \sigma$ und $\pm\ 2\sigma$ der Normalverteilung.

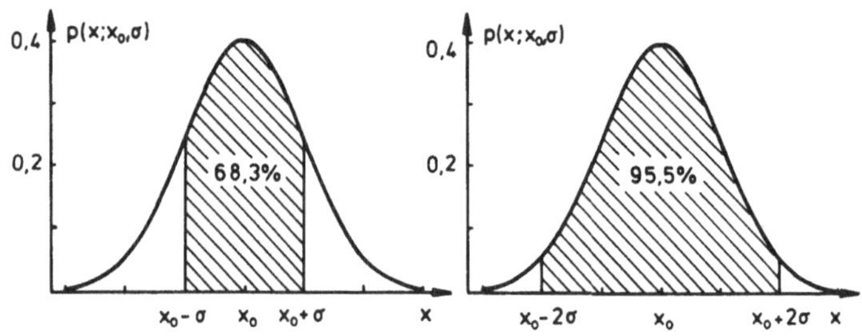

Fig. 4.4: Intervalle $x_O - \sigma \leq x \leq x_O + \sigma$ und $x_O - 2\sigma \leq x \leq x_O + 2\sigma$

4.2.2.2 Binomialverteilung

Die Binomialverteilung, manchmal auch als Bernoulli-Verteilung bezeichnet, ist allgemein wohl die wichtigste diskrete Verteilung

und hat ihren Namen daher, daß ihre Glieder gleich den Summanden
einer binomischen Entwicklung sind. Sie beschreibt folgende Situ-
ation: Bei einem Versuch mit nur <u>zwei</u> möglichen Ergebnissen A und
B sei p die Wahrscheinlichkeit, daß A eintritt. Wiederholt man den
Versuch n mal, so gibt die Binomialverteilung die Wahrscheinlichkeit an, daß Ergebnis A gerade x mal auftritt.

$$(4.22) \quad P(x;n,p) = \binom{n}{x} p^x (1-p)^{n-x} \quad \text{mit } x = 0,1, \ldots, n.$$

Die Verteilungsfunktion wird daher

$$(4.23) \quad F(x) = \sum_{k=0}^{x} \binom{n}{k} p^k (1-p)^{n-k}.$$

Selbstverständlich ist die Normierung $\sum_x P(x;m,p) = 1$ erfüllt. Der
Erwartungswert und die Varianz sind nach [4.8]:

$$(4.24) \quad \bar{x} = E(x) = \sum_{x=0}^{n} x\, P(x;n,p) = np,$$

$$(4.25) \quad \sigma^2 = E\left[(x-\bar{x})^2\right] = \sum_{x=0}^{n} (x-\bar{x})^2 P(x;n,p) = np(1-p).$$

Für große Werte von n nähert sich die Binomialverteilung der
Normalverteilung, was von praktischem Wert ist, da das Rechnen mit
dieser einfacher wird [4.9].

4.2.2.3 <u>Poisson-Verteilung</u>

Wird in der Binomialverteilung die Wahrscheinlichkeit p für ein
Ereignis sehr klein und die Anzahl n der Versuche sehr groß, ist
die Wahrscheinlichkeitsfunktion der Gl.(4.22) sehr unhandlich. Man
führt daher den Grenzübergang $n \to \infty$ und $p \to 0$ bei konstantem
Mittelwert $\bar{x} = np$ durch [4.5]. Diese diskrete Verteilung ist die
<u>Poisson-Verteilung</u>, und ihre Wahrscheinlichkeitsfunktion hat die
folgende Form:

$$(4.26) \quad P(x;\bar{x}) = \frac{\bar{x}^x}{x!} e^{-\bar{x}} \qquad \text{für } x = 0,1,2 \ldots$$

Sie ist durch *einen* Parameter, den Mittelwert $\bar{x}$ der Zahl der auftretenden Ereignisse, eindeutig bestimmt. Erwartungswert von x und Varianz sind:

$$(4.27) \quad E(x) = \sum_x x P(x;\bar{x}) = \bar{x} \, ,$$

$$\sigma^2 = E\left[(x-\bar{x})^2\right] = \sum_x (x-\bar{x})^2 \, P(x;\bar{x}) = \bar{x}.$$

Die Verteilungsfunktion lautet:

$$(4.28) \quad F(x) = e^{-\bar{x}} \sum_{k=o}^{x} \frac{\bar{x}^k}{k!} \, .$$

In Fig. 4.5 ist die Poisson-Verteilung für drei Werte des Parameters $\bar{x}$ dargestellt. Man erkennt deutlich, wie die zunächst asymmetrische Verteilung mit wachsendem $\bar{x}$ immer symmetrischer wird. Sie nähert sich dabei einer Gauß-Verteilung mit $x_o = \bar{x}$ und $\sigma = \sqrt{x_o}$.

Die Poisson-Verteilung beschreibt eine Reihe von Phänomenen, bei denen statistische Ergebnisse diskrete, ganzzahlige Meßwerte liefern, die voneinander unabhängig sind. Ein typisches Beispiel hierfür ist die Messung von Teilchen in der Atom- und Kernphysik. Beträgt die mittlere Zählrate $\bar{R}$ Teilchen pro Sekunde und wird die Messung jeweils über Zeitintervalle Δt vorgenommen, wird die in diesen Intervallen tatsächlich gemessene Teilchenzahl x, bzw. Zählrate $R = x/\Delta t$, durch eine Poisson-Verteilung mit $\bar{x} = \bar{R}\Delta t$ und der Standardabweichung $\sigma = \sqrt{\bar{R}\Delta t}$ beschrieben. Wird diese Messung n-mal durchgeführt, ergibt sich die Standardabweichung des Mittelwertes nach Gl.(4.13) zu

$$(4.29) \quad s_{\bar{x}} = \sqrt{\frac{\bar{R}\Delta t}{n}} \, .$$

Der *relative mittlere Fehler des Mittelwerts* wird damit:

$$(4.30) \quad \frac{s_{\bar{x}}}{\bar{x}} = \frac{1}{\sqrt{n\bar{R}\Delta t}} = \frac{1}{\sqrt{N}} \, .$$

Er ist allein durch die Zahl $N = n\bar{R}\Delta t$ aller insgesamt gemessenen Teilchen bestimmt.

Entsprechende Überlegungen können auch für den Nachweis elektromagnetischer Wellen durchgeführt werden. Wir beschränken uns
zunächst auf *kontrollierte* (stabilisierte) Schwingungen; man versteht darunter unendlich ausgedehnte Wellenzüge, wie sie ein Hoch-

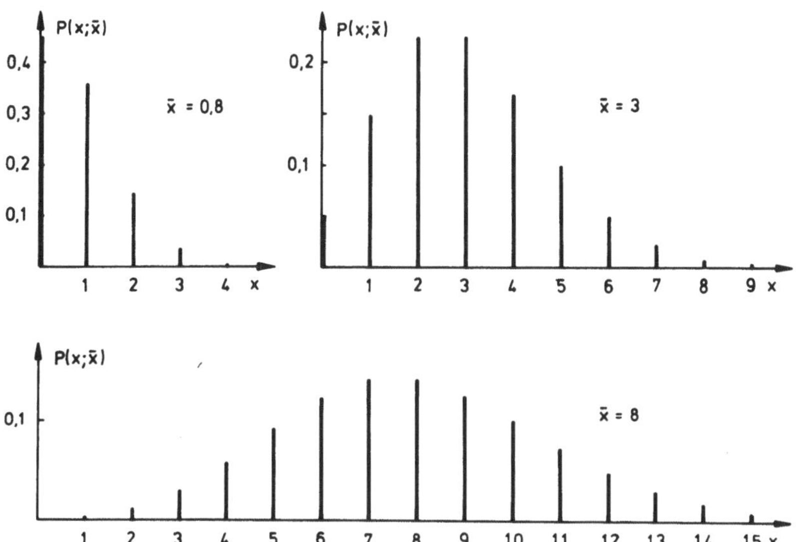

Fig. 4.5: Poisson-Verteilungen für verschiedene Mittelwerte

frequenzsender oder ein Laser erzeugen kann. Mit geeigneten Detektoren hoher Zeitauflösung können einzelne Photonen gezählt werden
(Abschn.6.3.5), wobei die statistischen Eigenschaften des Detektors selbst noch berücksichtigt werden müssen. Die Theorie ergibt,
daß auch hier die gemessene Photonenzahl durch eine Poisson-
Verteilung beschrieben wird, in der $\bar{x}$ wieder die im Meßintervall
erwartete mittlere Photonenzahl darstellt. Die Photonen verhalten
sich in diesem Fall wie klassische, unabhängige Teilchen, und
einen derartigen Zustand der Photonen bezeichnet man als *kohärenten* Zustand. Inkohärente Strahlung wird unterschiedlich davon beschrieben, und wir werden darauf kurz im anschließenden Abschnitt
eingehen.

4.2.2.4 Weitere Verteilungen

In der Wahrscheinlichkeitsrechnung sind eine ganze Reihe weiterer Wahrscheinlichkeitsverteilungen bekannt; wir führen im folgenden nur kurz diejenigen an, die dem Physiker öfters begegnen. Test-Verteilungen werden gesondert in Abschn.4.3.3 behandelt.

Bei allen Zählmessungen ist die Wahrscheinlichkeit p(t)dt von Interesse, daß nach einem Ereignis zum Zeitpunkt t = 0 das nächste Ereignis nach der Zeit t eintritt, bzw. exakter ausgedrückt, im Intervall t bis t + dt. Gehorchen die Ereignisse selbst einer Poisson-Verteilung, wird die Wahrscheinlichkeitsdichte der Zeitintervalle t:

$$(4.31) \quad p(t;\bar{R}) = \bar{R}\, e^{-\bar{R}t} \qquad\qquad \text{für } t > 0,$$

wobei $\bar{R}$ die mittlere Zählrate (Ereignisse pro Zeiteinheit) darstellt. Kleine Zeitintervalle sind also wahrscheinlicher als große. Die Verteilung wird Exponential- oder Intervallverteilung genannt. Verteilungsfunktion, Mittelwert und Varianz sind:

$$(4.32) \quad F(t) = 1-e^{-\bar{R}t}$$

$$(4.33) \quad \bar{t} = E(t) = \frac{1}{\bar{R}}$$

$$(4.34) \quad \sigma^2 = E\left[(t-\bar{t})^2\right] = \frac{1}{\bar{R}^2} = \bar{t}^2 .$$

Werden bei der Zählung sog. Untersetzer benutzt, die nur jedes r-te Ereignis zum Zählwerk weiterleiten, muß eine verallgemeinerte Intervallverteilung benutzt werden.

Die Cauchy-Verteilung des Mathematikers ist dem Physiker unter der Bezeichnung Lorentz-Verteilung geläufiger. Sie beschreibt beispielsweise Ereignisse, die durch Resonanzphänomene bestimmt werden. Ihre Wahrscheinlichkeitsdichte und Verteilungsfunktion sind gegeben durch

$$(4.35) \quad p(x;x_o,\Gamma) = \frac{1}{\pi} \frac{\Gamma/2}{(x-x_o)^2 + (\Gamma/2)^2} \quad \text{und}$$

$$(4.36) \quad F(x) = \frac{1}{2} + \frac{1}{\pi} \arctan \frac{x - x_o}{\Gamma/2}.$$

Sowohl der Erwartungswert von x als auch die Varianz existieren nicht, da die mit Gl.(4.35) gebildeten Integrale divergieren. Zentralwert x_o und volle Halbwertsbreite Γ sind die Parameter der Verteilung. Die volle Halbwertsbreite Γ ist dabei so definiert, daß für $x - x_o = \pm \Gamma/2$ die Wahrscheinlichkeitsdichte die Hälfte des Maximums ist. Der Vergleich von Lorentz- und Gauß-Verteilung, wie ihn Fig. 4.6 für gleiche Halbwertsbreiten zeigt, ist instruktiv.

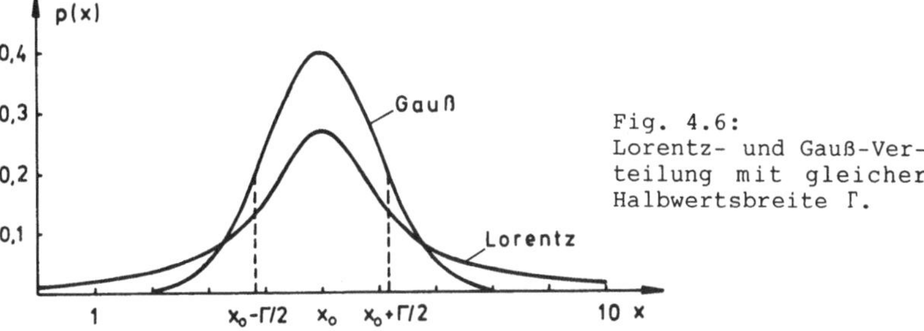

Fig. 4.6:
Lorentz- und Gauß-Verteilung mit gleicher Halbwertsbreite Γ.

Man erkennt deutlich, daß die Lorentz-Verteilung flacher ist, d.h. viel langsamer abfällt. Dies zeigen auch die Wahrscheinlichkeiten für das Intervall $[x_o - \Gamma/2; x_o + \Gamma/2]$. Man erhält:

$$P(x_o-\Gamma/2 \leq x \leq x_o + \Gamma/2) = 76 \text{ \% für die Gauß Verteilung und}$$
$$P(x_o-\Gamma/2 \leq x \leq x_o + \Gamma/2) = 50 \text{ \% für die Lorentz-Verteilung}.$$

Wir betrachten jetzt im Gegensatz zur kontrollierten Schwingung die Zahl der Photonen, die sich im thermischen Gleichgewicht in einer Phasenzelle (beispielsweise in einer Hohlraumschwingung) aufhalten. Es ergibt sich die sog. <u>Bose-Einstein-Verteilung</u>, die mit der mittleren Besetzungszahl $\bar{x}$ geschrieben wird:

$$(4.37) \quad P(x;\bar{x}) = \frac{1}{(1+\bar{x})} \cdot \frac{1}{(1+\frac{1}{\bar{x}})^x} \quad \text{für } x = 0,1,2, \ldots$$

Für große mittlere Besetzungszahlen geht sie über in:

$$(4.38) \quad P(x;\bar{x}) \simeq \frac{1}{\bar{x}} \, e^{-x/\bar{x}}.$$

Verteilungsfunktion, Erwartungswert von x und Varianz sind:

$$(4.39) \quad F(x) = \frac{1}{\bar{x}} \sum_{k=0}^{x} \left(1 + \frac{1}{\bar{x}}\right)^{-(1+k)}$$

$$(4.40) \quad E(x) = \bar{x}$$

$$(4.41) \quad \sigma^2 = \bar{x}^2 + \bar{x}.$$

Fig. 4.7 zeigt die Poisson- und Bose-Einstein-Verteilung für eine mittlere Photonendichte $\bar{x}$ = 10.

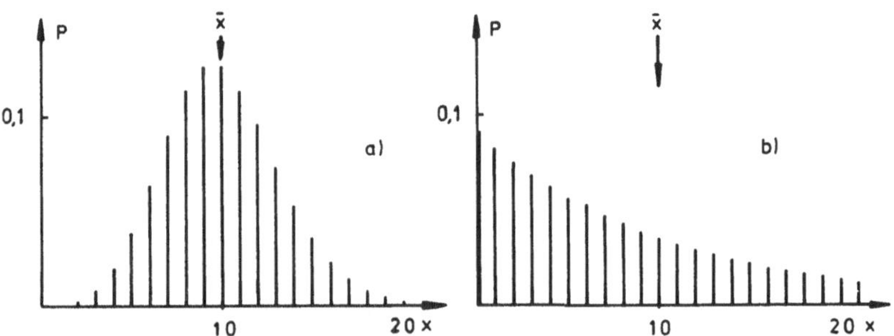

Fig. 4.7: Poisson- (a) und Bose-Einstein-Verteilung (b) für die
mittlere Photonendichte $\bar{x}$ = 10

Im ersten Fall haben wir eine Standardabweichung von σ = 3,2, im zweiten Fall von σ = 10,4, d.h. von der Größe der mittleren Photonenzahl selbst.

4.2.3   Vertrauensbereich

Den Begriff der statistischen Sicherheit hatten wir in Abschn. 4.2.2.1 bei der Normalverteilung eingeführt. Wir benutzen ihn jetzt allgemeiner und bezeichnen so jede in Prozent ausgedrückte

Wahrscheinlichkeit, eine Meßgröße bei einer beliebigen Verteilung innerhalb gewisser Grenzen zu finden. Diese Grenzen werden *Vertrauens- oder Konfidenzgrenzen* genannt, das Intervall *Vertrauensbereich oder Konfidenzintervall*. Welche statistische Sicherheit in konkreten Fällen gewählt wird, bestimmt allein die gewünschte Aussagekraft der Messung.

Von besonderem Interesse ist der Vertrauensbereich für den Mittelwert $\bar{x}$ von Meßwerten, deren Grundgesamtheit durch eine Normalverteilung mit der Varianz σ^2 beschrieben wird. Relativ einfach ist der Fall, wenn die Varianz bekannt ist, da dann die Mittelwerte $\bar{x}_n$ der Stichproben vom Umfang n ebenfalls um $\bar{x}$ normalverteilt sind, und zwar mit der Varianz σ^2/n. Analog zu Gl.(4.15) führt jetzt die Transformation

$$(4.42) \quad U = \frac{\bar{x}_n - \bar{x}}{\sigma/\sqrt{n}}$$

auf die standardisierte Form $\Phi(U)$ der Normalverteilung. Zu gewählten Vertrauensgrenzen $\pm U_p$ gehört der Vertrauensbereich $[-U_p\sigma/\sqrt{n}; \; U_p\sigma/\sqrt{n}\,]$ mit der Wahrscheinlichkeit nach Gl.(4.21):

$$(4.43) \quad P(-U_p \leq U \leq U_p) = \Phi(U_p) - \Phi(-U_p)$$

$$= P(\bar{x} - U_p\sigma/\sqrt{n} \leq \bar{x}_n \leq \bar{x} + U_p\sigma/\sqrt{n}).$$

Mit dieser Wahrscheinlichkeit liegt auch der wahre Meßwert $\bar{x}$ im Intervall

$$(4.44) \quad \bar{x}_n - U_p\sigma/\sqrt{n} \leq \bar{x} \leq \bar{x}_n + U_p\sigma/\sqrt{n},$$

das jetzt als Vertrauensbereich des Mittelwerts bezeichnet wird.

Im allgemeinen wird allerdings die Varianz der Grundgesamtheit nicht bekannt sein, und neben dem Mittelwert $\bar{x}_n$ steht dann auch nur die Varianz s_n^2 der Stichprobe zur Verfügung. In Anlehnung an Gl.(4.42) führt man eine Variable t ein,

$$(4.45) \quad t = \frac{\bar{x}_n - \bar{x}}{s_n/\sqrt{n}},$$

die aber nicht normalverteilt ist. Die Theorie [4.5] liefert für sie die t-Verteilung oder Student-Verteilung, die von W.S. Gosset zuerst eingeführt wurde, der unter dem Pseudonym "Student" veröffentlichte. Ihre Wahrscheinlichkeitsdichte p(t;n) lautet:

$$(4.46) \quad p(t;n) = \frac{p_n}{\left(1 + \frac{t^2}{n-1}\right)^{n/2}} \quad \text{mit } p_n = \frac{\Gamma\left(\frac{n}{2}\right)}{\sqrt{(n-1)\pi}\ \Gamma\left(\frac{n-1}{2}\right)}.$$

Sie hängt vom Stichprobenumfang $n \geq 2$ ab; die Größe $f = n-1$ wird als die Anzahl der Freiheitsgrade der Verteilung bezeichnet. Die Verteilung ist symmetrisch und hat eine gewisse Ähnlichkeit mit der Glockenkurve der Normalverteilung, wobei allerdings ihr Maximum niedriger ist; in größerem Abstand von $t = 0$ verläuft sie über der Dichte der Normalverteilung. Fig. 4.8 zeigt t-Verteilungen für verschiedene n.

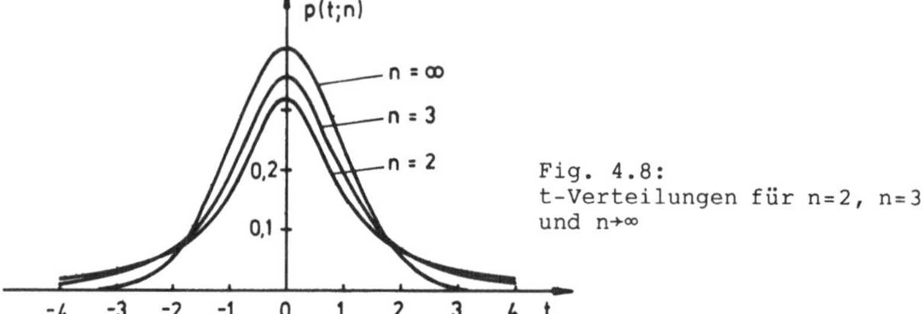

Fig. 4.8:
t-Verteilungen für n=2, n=3 und n→∞

Für $n = 2$ ist sie identisch mit einer Lorentz-Verteilung, und mit wachsendem n strebt sie gegen die Normalverteilung mit dem Mittelwert 0 und der Varianz 1. Für $n > 30$ ist die Annäherung schon recht gut, so daß mit der Normalverteilung gerechnet werden kann. Für *kleine Stichproben* ($n < 30$) muß die t-Verteilung benutzt werden. Die Verteilungsfunktion erhalten wir wieder durch Integration von Gl.(4.46):

$$(4.47) \quad F(t) = p_n \int_{-\infty}^{t} \left(1 + \frac{v^2}{n-1}\right)^{-n/2} dv.$$

Sie ist tabelliert, z.B. in [4.1]. Mittelwert und Varianz sind:

$$(4.48) \quad \bar{t} = 0 \quad \text{für} \quad n \geq 3,$$

(4.49) $\quad \sigma^2 = \dfrac{n+1}{n-1}$ $\quad$ für $\quad\quad$ $n \geq 4$.

(Für n=2 und n=3 hat die Verteilung keine Varianz, für n=2 keinen Mittelwert.)

Die gewählte statistische Sicherheit P% legt den Vertrauensbereich $[-t_p;\ t_p]$ mit den Grenzen t_p fest. Der Vertrauensbereich des Mittelwerts $\bar{x}$ ist dann analog zu Gl.(4.44):

(4.50) $\quad \bar{x}_n - t_p s_n/\sqrt{n} \leq \bar{x} \leq \bar{x}_n + t_p s_n/\sqrt{n}$.

Der tabellierten Verteilungsfunktion kann der t_p-Wert für jede gewählte statistische Sicherheit bequem entnommen werden:

$$P = F(t_p) - F(-t_p) = 2\,F(t_p) - 1$$

(4.51) $\quad F(t_p) = \dfrac{1}{2}\,(1 + P).$

Fig. 4.9 zeigt diese Werte für häufig gewählte statistische Sicherheiten.

In der Statistik wird mit Hilfe des *zentralen Grenzwertsatzes* gezeigt, daß bei nicht zu kleinen Stichproben auch die Verteilung der Mittelwerte, die aus anderen Ausgangsverteilungen gewonnen werden, recht gut durch die Normalverteilung angenähert werden kann, so daß die vorangegangenen Überlegungen auch dort benützt werden können.

Ganz analog kann man schließlich einen Vertrauensbereich mit gewählter statistischer Sicherheit für die Standardabweichung σ festlegen, die aus normalverteilten Meßwerten bestimmt werden soll. Die Theorie führt für die Zufallsvariable

(4.52) $\quad \chi^2 = \dfrac{(n-1)\,s_n^2}{\sigma^2} = \dfrac{1}{\sigma^2} \sum_{i=1}^{n} (x_i - \bar{x}_n)^2$

auf eine Verteilungsfunktion, die als <u>Chi-Quadrat-Verteilung</u> bezeichnet wird. Wir werden sie im nächsten Kapitel als eine der sog. Testverteilungen näher betrachten. Für die Bestimmung des

Vertrauensbereichs von σ mit ihr verweisen wir auf die Literatur, z.B. [4.5].

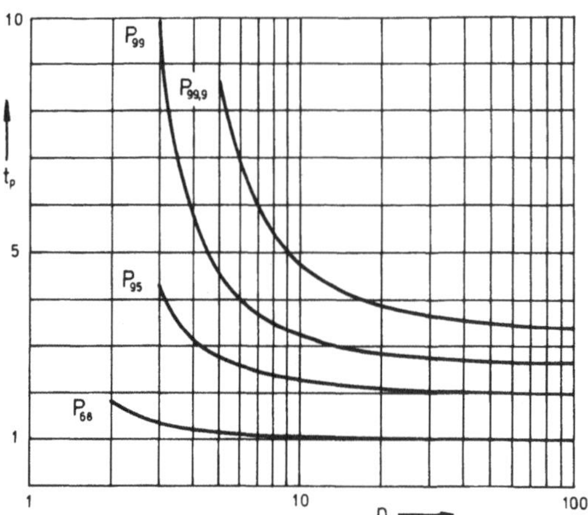

Fig. 4.9: Werte für t_p bei verschiedenen statistischen Sicherheiten P% in Abhängigkeit vom Stichprobenumfang n, P_{68} = 68%, P_{95} = 95%, P_{99} = 99% und $P_{99,9}$ = 99,9%.

4.2.4 Chi-Quadrat-Test

Wir betrachten die Häufigkeitsverteilung der Meßwerte vom Stich-probenumfang n und untersuchen, mit welcher Wahrscheinlichkeit wir von ihr auf die Verteilung der Grundgesamtheit schließen können. Dazu vergleichen wir beide, bzw. sollte dieser Vergleich mit allen sinnvoll zu erwartenden Verteilungen durchgeführt werden. Ausge-hend von der empirischen Verteilung, wie sie etwa das Histogramm der Fig. 4.1 veranschaulicht, wird der Bereich der Meßgröße x so in k unabhängige Klassen eingeteilt, daß jeweils mindestens 5 Einzelbeobachtungen in jeder liegen. Auch die Zahl der Klassen sollte ebenfalls mindestens 5 betragen. Ein Maß für die Überein-stimmung ist die Summe der relativen Abweichungsquadrate, gebildet aus der empirischen Häufigkeit n_i der Klasse i und der für sie theoretisch berechneten Häufigkeit nP_i, wenn P_i die nach Gl.(4.3) berechnete Wahrscheinlichkeit der hypothetisch angenommenen Verteilung für diese Klasse ist. Man definiert dazu die entsprechende Zufallsgröße

$$(4.53) \quad \chi^2 = \sum_{i=1}^{k} \frac{(n_i - n P_i)^2}{n P_i} = \sum_{i=1}^{k} \frac{n_i^2}{n P_i} - n.$$

Ist $\chi^2 = 0$, stimmen beobachtete und erwartete Häufigkeit genau überein, für $\chi^2 > 0$ ist das nicht der Fall: je größer der Wert von χ^2 ist, desto größer die Abweichung der beobachteten von der erwarteten Häufigkeitsverteilung. Da die Abweichung aber wieder statistischer Natur ist, erhält man für χ^2 selbst eine Verteilung, die für große Stichproben gegen die von F.R. Helmert eingeführte Chi-Quadrat-Verteilung mit k-1 Freiheitsgraden strebt. Sie hat allgemein folgende Dichtefunktion:

$$(4.54) \quad p(\chi^2;f) = p_f \, (\chi^2)^{(f-2)/2} \, e^{-\chi^2/2} \quad \text{mit } p_f^{-1} = 2^{f/2} \, \Gamma\left(\frac{f}{2}\right)$$

$$\text{für } \chi^2 > 0 .$$

Mittelwert und Varianz sind:

$$(4.55) \quad \overline{\chi^2} = f$$

$$(4.56) \quad \sigma^2 = 2f.$$

f wird als Anzahl der Freiheitsgrade der Verteilung bezeichnet und ist zunächst gegeben durch f = k-1. Müssen jedoch r Parameter der angenommenen Verteilung aus den Meßwerten geschätzt werden, werden dadurch den Abweichungen zwischen beobachteter und erwarteter Häufigkeit noch r Bedingungen auferlegt; die Zahl der Freiheitsgrade der Verteilung ist dann

$$(4.57) \quad f = k - r - 1.$$

Fig. 4.10 zeigt die χ^2-Verteilung für einige Freiheitsgrade. Für f=1 und f=2 fallen die Kurven monoton ab, für f>2 haben sie ein Maximum bei $\chi^2=f-2$.

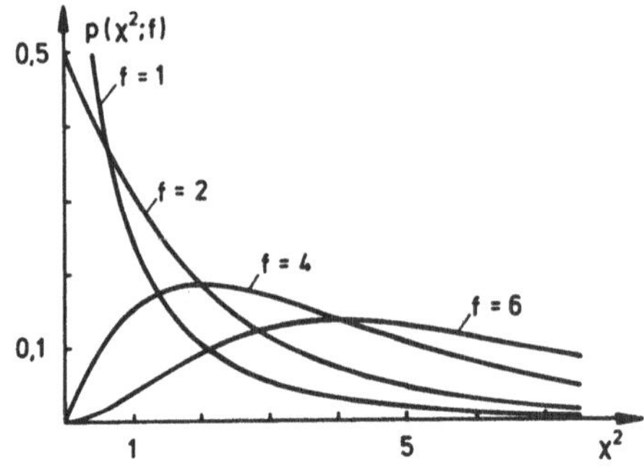

Fig. 4.10:
Wahrscheinlichkeitsdichte
der Chi-Quadrat-Verteilung
für die Freiheitsgrade f=1;
f=2; f=4 und f=6

Die Verteilungsfunktion lautet:

$$(4.58) \quad F(\chi^2) = p_f \int_0^{\chi^2} v^{(f-2)/2} \, e^{-v/2} \, dv .$$

Sie ist tabelliert, z.B. [4.5], kann aber für große f recht brauchbar durch die Normalverteilung angenähert werden:

$$(4.59) \quad F(\chi^2) \approx \Phi(\sqrt{2\chi^2} - \sqrt{2f-1}) .$$

Für χ^2 wählt man eine obere Grenze χ^2_p, bis zu der man die Hypothese als bestätigt betrachtet, daß die angenommene Verteilung tatsächlich die der Grundgesamtheit ist. Bei $\chi^2 > \chi^2_p$ wird die Hypothese verworfen. Mit χ^2_p wird dabei die Wahrscheinlichkeit P festgelegt, mit der alle möglichen Abweichungen erfaßt werden. P*= 1-P gibt die Irrtumswahrscheinlichkeit an, daß eine in der Tat richtige Hypothese abgelehnt wird.

$$(4.60) \quad P(0 < \chi^2 \leq \chi^2_p) = F(\chi^2_p) .$$

In der Praxis wählt man recht häufig die Wahrscheinlichkeiten P_{95} = 95% und P_{99} = 99%. Fig. 4.11 zeigt einige Grenzen χ^2_p. Aufgetragen ist χ^2_p/f als Funktion des Freiheitsgrades f. Oberhalb der Kurven ist die Hypothese zu verwerfen.

Der χ^2-Test geht von einer hypothetisch angenommenen Verteilung der Grundgesamtheit aus, wobei die Parameter der Verteilung in den meisten Fällen aus den Meßwerten geschätzt werden müssen. So ist beispielsweise das Stichprobenmittel die beste Schätzung für den

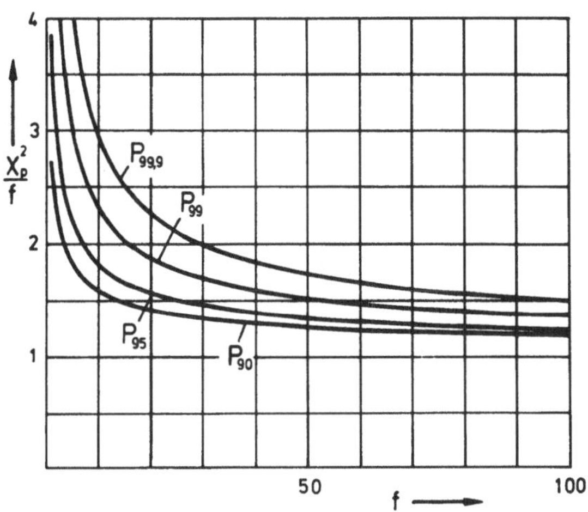

Fig. 4.11: Obere Grenzwerte der χ^2-Verteilung als Funktion des Freiheitsgrades für die Wahrscheinlichkeiten P_{90}=90%, P_{95}=95%, P_{99}=99% und $P_{99,9}$=99,9%.

Mittelwert der Grundgesamtheit (Abschn.4.2.1). Mit Hilfe von Rechnern ist es jedoch auch leicht möglich, durch Variation der Parameter den minimalen Wert von χ^2 nach Gl.(4.53) zu bestimmen und damit die wahrscheinlichste Verteilung (Minimum-χ^2-Verfahren).

4.2.5 Fehlerfortpflanzung

In vielen Fällen ist die interessierende physikalische Größe einer direkten Messung nicht zugänglich, kann aber aus anderen meßbaren Größen bestimmt werden. Wir betrachten dazu das Beispiel, daß die

Größe z eine bekannte Funktion der voneinander unabhängigen einzeln meßbaren Größen x und y ist:

$$(4.61) \quad z = f(x,y).$$

Die Größen x und y werden m- bzw. n-mal gemessen, die Stichprobenmittelwerte sind $\bar{x}_m$ und $\bar{y}_n$, die Stichprobenvarianzen s_m^2 und s_n^2. Für jede Kombination der Meßwerte x_i und y_k erhalten wir einen Wert z_{ik}, und aus der Stichprobe vom Umfang m·n bestimmen wir den Mittelwert

$$(4.62) \quad \bar{z}_{mn} = \frac{1}{mn} \Sigma z_{ik} = \frac{1}{mn} \sum_{i=1}^{m} \sum_{k=1}^{n} f(x_i, y_k).$$

Die Taylorsche Reihenentwicklung der Größe z_{ik} um den Wert $f(\bar{x}_m, \bar{y}_n)$, der sich ergibt, wenn die Mittelwerte $\bar{x}_m$ und $\bar{y}_n$ eingesetzt werden, lautet:

$$z_{ik} = f(\bar{x}_m, \bar{y}_n) + \left(\frac{\partial f}{\partial x}\right) \cdot (x_i - \bar{x}_m) + \left(\frac{\partial f}{\partial y}\right) \cdot (y_k - \bar{y}_n) + \ldots,$$

wobei die partiellen Ableitungen an den Stellen $x = \bar{x}_m$ und $y = \bar{y}_n$ zu bilden sind. Der Mittelwert $\bar{z}_{mn}$ der gesuchten Größe bei Vernachlässigung der Glieder höherer Ordnung wird dann

$$\bar{z}_{mn} = \frac{1}{mn} \sum_{i=1}^{m} \sum_{k=1}^{n} \left[f(\bar{x}_m \bar{y}_n) + \left(\frac{\partial f}{\partial x}\right) \cdot (x_i - \bar{x}_m) + \left(\frac{\partial f}{\partial y}\right) \cdot (y_k - \bar{y}_n) \right]$$

$$\bar{z}_{mn} = \frac{1}{mn} \left[mn \, f(\bar{x}_m, \bar{y}_n) + n \left(\frac{\partial f}{\partial x}\right) \Sigma (x_i - \bar{x}_m) + m \left(\frac{\partial f}{\partial y}\right) \Sigma (y_k - \bar{y}_n) \right].$$

Da $\quad \Sigma(x_i - \bar{x}_m) = 0 \quad$ und $\quad \Sigma(y_k - \bar{y}_m) = 0$, bleibt

$$(4.63) \quad \bar{z}_{mn} = f(\bar{x}_m, \bar{y}_n).$$

Den gesuchten Mittelwert erhält man somit (bis auf Fehler 2. Ordnung) durch Einsetzen der Mittelwerte $\bar{x}_m$ und $\bar{y}_n$ in die vorgegebene Beziehung.

Die Varianz der Verteilung von z wird in der gleichen Näherung

$$s_{mn}^2 = \frac{1}{mn-1} \sum_{i=1}^{m} \sum_{k=1}^{n} (z_{ik} - \bar{z}_{mn})^2$$

$$\approx \frac{1}{mn} \sum_{i=1}^{m} \sum_{k=1}^{n} \left[\left(\frac{\partial f}{\partial x}\right)(x_i - \bar{x}_m) + \left(\frac{\partial f}{\partial y}\right)(y_k - \bar{y}_n) \right]^2 .$$

Das gemischte Glied ist Null, so daß sich ergibt:

$$(4.64) \quad s_{mn}^2 = \left(\frac{\partial f}{\partial x}\right)^2 s_m^2 + \left(\frac{\partial f}{\partial y}\right)^2 s_n^2 .$$

Diese Beziehung wird als <u>Gaußsches Fehlerfortpflanzungsgesetz</u> bezeichnet und kann auf beliebig viele Variable erweitert werden.

Wir betrachten als <u>Beispiel</u> die multiplikative Verknüpfung von Meßgrößen:

$$(4.65) \quad z = C\, x^\alpha y^\beta$$

$$s_{mn}^2 = \left(\alpha\, C\, \bar{x}_m^{\alpha-1}\, \bar{y}_n^\beta\right)^2 s_m^2 \;+\; \left(\beta\, C\, \bar{x}_m^\alpha \bar{y}_n^{\beta-1}\right)^2 s_n^2$$

Wir dividieren durch den Mittelwert $\bar{z}_{mn}^2 = \left(C\bar{x}_m^{-\alpha}\bar{y}_n^{-\beta}\right)^2$

$$(4.66) \quad \frac{s_{mn}^2}{\bar{z}_{mn}^2} = \alpha^2\, \frac{s_m^2}{\bar{x}_m^2} + \beta^2\, \frac{s_n^2}{\bar{y}_n^2} .$$

4.2.6   <u>Gewogener Mittelwert</u>

In der Praxis kommt es häufig vor, daß für eine physikalische Größe mehrere Mittelwerte unterschiedlicher Genauigkeit vorliegen, die entweder aus verschiedenen Meßreihen, von verschiedenen Beobachtern oder gar mit verschiedenen Meßverfahren gewonnen wurden. Sind die entsprechenden Mittelwerte $\bar{x}_a$, $\bar{x}_b$, ... mit den Standardabweichungen s_a, s_b, ..., gewinnt man daraus den sog. *gewogenen Mittelwert* wieder durch arithmetische Mittelbildung, wobei allerdings jedes Stichprobenmittel mit einem Faktor w, dem sog. *Gewicht*, bewertet wird:

$$(4.67) \quad \bar{x} = \frac{w_a \bar{x}_a + w_b \bar{x}_b + \dots}{w_a + w_b + \dots} .$$

Das Gewicht spiegelt die Genauigkeit des betreffenden Mittelwerts wieder, d.h. es ist umso größer, je kleiner die Standardabweichung ist.

Das Fehlerfortpflanzungsgesetz (Gl.(4.64)) liefert auf $\bar{x}$ angewandt die Varianz des gewogenen Mittels:

$$(4.68) \quad s^2 = \frac{w_a^2 s_a^2 + w_b^2 s_b^2 + \ldots}{(w_a + w_b + \ldots)^2} \; .$$

Die Gewichte wird man natürlich so wählen, daß diese Varianz s^2 ein Minimum wird. Betrachten wir der Einfachheit wegen nur zwei Werte und halten die Summe $w = w_a + w_b$ konstant, läßt sich die Varianz schreiben:

$$(4.69) \quad s^2 = \frac{w_a^2 s_a^2 + (w - w_a)^2 s_b^2}{w^2} \; .$$

Die Bedingung $\partial s^2 / \partial w_a = 0$ liefert daraus

$$(4.70) \quad \frac{w_a}{w_b} = \frac{s_b^2}{s_a^2} \, ,$$

d.h. die Gewichte sind im umgekehrten Verhältnis der Stichprobenvarianz zu wählen. Dieses Resultat gilt natürlich entsprechend für beliebig viele Stichproben.

4.3 Kurvenanpassung (Lineare Regression)

Eine wichtige Aufgabe ist das Auffinden eines funktionalen Zusammenhangs zwischen physikalischen Größen. Man wird dabei versuchen, jedes Problem zunächst auf die Untersuchung von nur jeweils 2 Größen zurückzuführen, indem man die anderen konstant hält. Das Experiment liefert dann Wertepaare

$$(x_1, y_1), \; (x_2, y_2), \; \ldots \; , \; (x_n, y_n),$$

die eine Stichprobe vom Umfang n einer zweidimensionalen Grundgesamtheit darstellen. Im allgemeinen werden dabei auch beide Meßgrößen mit einem Meßfehler behaftet sein.

Zunächst ist es in den meisten Fällen am zweckmäßigsten, die
Wertepaare in einem rechtwinkligen Koordinatensystem darzustellen.
In diesem Punktediagramm läßt sich oft schon eine glatte Kurve
erkennen, die den Daten angenähert ist. Fig. 4.12 zeigt ein Beispiel, in dem sich die Wertepaare durch eine Gerade annähern
lassen. Das Anpassen nach Augenmaß führt insbesondere bei derartigen linearen Zusammenhängen in vielen Fällen schon zu brauchbaren

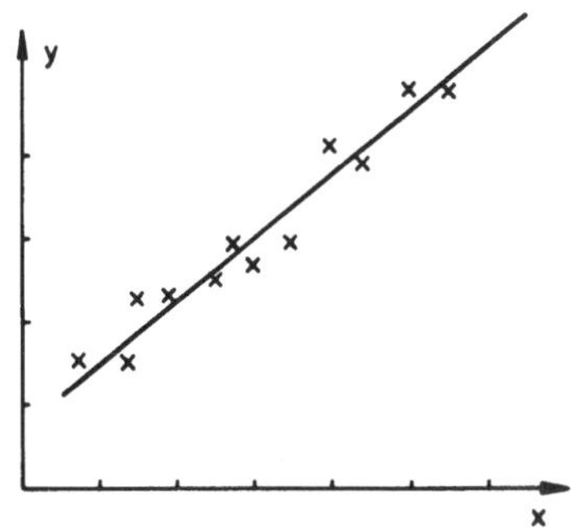

Fig. 4.12: Meßwerte mit Ausgleichsgerade

Ergebnissen, die beste Gerade
(*Ausgleichs- oder Regressionsge-
rade*) kann allerdings auch hier
nur durch eine objektive Methode
bestimmt werden. Eine solche Möglichkeit bietet das Prinzip der
kleinsten Quadrate von Gauß [4.9].

Wir vereinfachen die Ausgangssitu-
ation, indem wir die Größe x als
unabhängige Variable mit vernachlässigbar kleinem Fehler betrachten; der zu einem Wert x_i gemessene Wert y_i weicht dann um $y_i - y(x_i)$
vom tatsächlichen Wert $y(x_i)$ ab. Die am besten passende Gerade

$$(4.71) \quad y = ax + b$$

ist schließlich diejenige, für die die Summe der Abweichungsquadrate F(a,b,n) ein Minimum wird:

$$(4.72) \quad \sum_{i=1}^{n} (y_i - ax_i - b)^2 = F(a,b,n) \rightarrow \text{Min.}$$

Bedingung für das Minimum ist das Verschwinden der ersten partiellen Ableitungen,

$$\frac{\partial F}{\partial a} = 0 \quad \text{und} \quad \frac{\partial F}{\partial b} = 0,$$

und man erhält:

$$(4.73) \qquad \sum_{i=1}^{n} (x_i y_i - a x_i^2 - b x_i) = 0,$$

$$(4.74) \qquad \sum_{i=1}^{n} (y_i - a x_i - b) = 0.$$

Die Lösung dieses Gleichungssystems für die Unbekannten a und b
lautet:

$$(4.75) \qquad a = \frac{\Sigma x_i \, \Sigma y_i - n \, \Sigma x_i y_i}{(\Sigma x_i)^2 - n \, \Sigma x_i^2}$$

$$(4.76) \qquad b = \frac{\Sigma x_i \, \Sigma x_i y_i - \Sigma y_i \Sigma x_i^2}{(\Sigma x_i)^2 - n \, \Sigma x_i^2} \, .$$

(Summiert wird jeweils über i von 1 bis n).

Wir bilden formal das arithmetische Mittel aller x_i - und y_i-
Werte:

$$\bar{x} = \frac{1}{n} \Sigma x_i \qquad \text{und} \qquad \bar{y}_i = \frac{1}{n} \Sigma y_i$$

Gl.(4.74) wird damit:

$$(4.77) \qquad \bar{y} = a\bar{x} + b.$$

Die Ausgleichsgerade geht durch diese Mittelwerte von x und y und
kann damit geschrieben werden:

$$(4.78) \qquad y - \bar{y} = a(x - \bar{x}).$$

Das Steigungsmaß wird auch als Regressionskoeffizient bezeichnet.

Ein Maß für die Streuung der y_i-Werte um die Gerade ist die Varianz s_n^2:

$$(4.79) \qquad s_n^2 = \frac{\Sigma \left[y_i - y(x_i) \right]^2}{n-2} = \frac{F(a,b,n)_{min}}{n-2} \, .$$

Die Zahl der Freiheitsgrade ist hier n-2, da für die Berechnung
der Ausgleichsgeraden zwei zusätzliche Bedingungen zu erfüllen wa-

ren.

Interessant sind die Standardabweichungen für die Größe a und b
der Geraden. Man erhält:

$$(4.80) \qquad s_a{}^2 = s_n{}^2 \, \frac{n}{n\Sigma x_i{}^2 - (\Sigma x_i)^2} \; ,$$

$$(4.81) \qquad s_b{}^2 = s_n{}^2 \, \frac{\Sigma x_i{}^2}{n\Sigma x_i{}^2 - (\Sigma x_i)^2} \; .$$

Im Prinzip ist man natürlich auch hier analog den Überlegungen in
Abschn.4.2.3 an dem Steigungsmaß a und dem Achsenabschnitt b
interessiert, wenn die Verteilung der zweidimensionalen Grundgesamtheit bekannt wäre. Es stellt sich damit wieder das Problem des
Vertrauensbereichs, der angibt, mit welcher statistischen Sicherheit diese Werte aus der Stichprobe gewonnen werden können. Wir
verweisen dazu auf die relevante Literatur [4.5]. Methoden der
Korrelationsrechnung werden benötigt, wenn beide Variable als
gleichberechtigt betrachtet werden müssen, bzw. die Abhängigkeit
beider nicht funktional ist.

Das Problem der *nichtlinearen* Regression wird ganz entsprechend
behandelt, wobei man als Regressionskurve vorzugsweise ein Polynom
wählt [4.3].

Die Kunst, Wahrheiten zu entdek-
ken, beruht auf der Fähigkeit,
kleinste Beobachtungen zu machen
und aus den sich wiederholenden
eine gemeinsame Gesetzlichkeit
herauszulesen.

Sigmund Graff

5   Meßeinrichtung

5.1   Grundstruktur einer Meßeinrichtung

Für die Durchführung einer Messung werden in der Regel eine Reihe
von Geräten und Übertragungsgliedern benötigt, die zusammen die
Meßeinrichtung bilden. Entsprechend ihrer Funktion lassen sich die
Komponenten zu folgender idealisierten Grundstruktur zusammenfas-
sen, obwohl in speziellen Fällen natürlich ein einzelnes Meßgerät
bereits die ganze Meßeinrichtung darstellen kann:

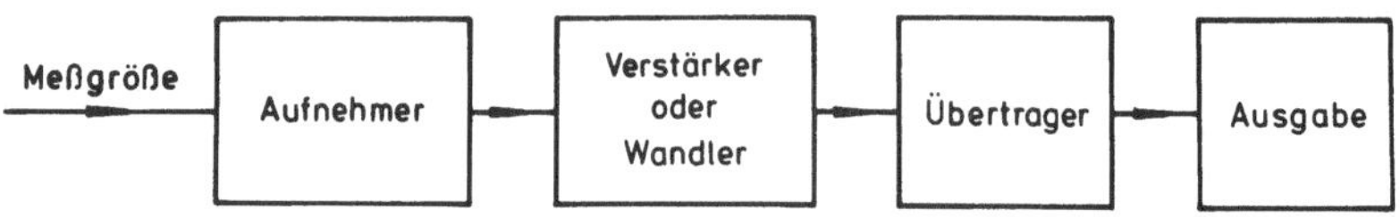

Fig. 5.1: Grundstruktur einer Meßeinrichtung

Der *Aufnehmer*, oft auch *Meßfühler* genannt, nimmt an seinem Eingang
die zu messende Größe auf und gibt an seinem Ausgang ein weiter-
verarbeitbares Signal ab, das von der Meßgröße abhängt. Ein typi-
scher Aufnehmer ist etwa eine Photodiode, auf die Strahlung fällt.
In einem nachfolgenden *Verstärker* können schwache Signale verstärkt werden, bzw. kann ein *Meßwertwandler* die Ausgangsgröße in
eine andere, leichter zu handhabende Größe umformen. Ein *Übertra-
gungselement* (elektrische Leitung, drahtloses System) bringt das
Signal zum *Ausgeber*, der die gewünschte Information entweder direkt dem Experimentator in geeigneter Form anzeigt oder aufzeich-
net, bzw. für eine weitere Verarbeitung mit einem Rechner entsprechend speichert; vielfach werden Rechner direkt angeschlossen, so
daß die Verarbeitung der Daten schon während der Messung selbst
erfolgen kann.

Systemtheoretisch gesehen sind sowohl die ganze Meßeinrichtung als
auch die oben angeführten einzelnen Funktionsblöcke ähnlich: eine
Eingangsgröße x_e wird dem System zugeführt, und durch Verarbeitung
im System entsteht daraus die Ausgangsgröße x_a. Beide Größen sind

durch definierte Beziehungen miteinander verknüpft, die das System charakterisieren, und die man unter dem Begriff *Übertragungseigenschaften* zusammenfaßt [5.1; 5.3; 5.5; 5.6; 5.9]. Viele dieser Eigenschaften sind nicht gerätespezifisch, sondern von allgemeiner Natur. Sie werden im nächsten Kapitel behandelt.

5.2   Übertragungseigenschaften

5.2.1   Statische Übertragungseigenschaften

Der stationäre Zustand einer Meßeinrichtung M (oder eines Elements) ist erreicht, wenn bei zeitlich konstanter Eingangsgröße x_e alle Einschwingvorgänge abgelaufen sind. Zwischen Ausgangsgröße x_a und Eingangsgröße x_e besteht dann ein funktioneller Zusammenhang:

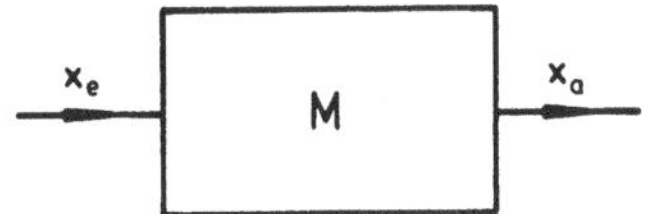

Fig. 5.2: Ein- und Ausgangs-
         größe bei einer
         Meßeinrichtung

$$(5.1) \quad x_a = f(x_e).$$

Für ein Meßsystem muß dieser eindeutig sein, d.h., es darf beispielsweise keine Hysterese auftreten: für steigende und fallende Meßgrößen muß der gleiche Zusammenhang gelten. Kritisch sind langsam verlaufende irreversible Veränderungen, bedingt durch Alterung einzelner Teile. Sie können nur durch wiederholte Kontrolle der Beziehung zwischen Ein- und Ausgangsgröße festgestellt werden. Entsprechend muß der Einfluß der Umweltbedingungen (Luftdruck, Temperatur, Erwärmung der Geräte bei längerem Betrieb) überprüft werden.

Die graphische Darstellung der Gl.(5.1) bezeichnet man als *Kennlinie*. Meßtechnisch erwünscht ist dabei ein *linearer* Zusammenhang, d.h. eine *Gerade* als Kennlinie, die zudem noch durch den Nullpunkt geht:

$$(5.2) \quad x_a = K\, x_e.$$

Die Kenngröße K wird *Übertragungsfaktor* genannt, dessen Einheit $[K] = [x_a]\,[x_e]^{-1}$ ist. Betrachtet man ein komplettes Meßgerät, bzw. eine vollständige Meßeinrichtung, bezeichnet man üblicherweise K auch als *Empfindlichkeit* S, die angibt, welche Änderung Δx_e der Eingangsgröße notwendig ist, um eine Änderung Δx_a der Ausgangsgröße zu bewirken:

$$(5.3) \qquad S = \frac{\Delta x_a}{\Delta x_e} \equiv K.$$

Bei nichtlinearen Elementen wird Gl.(5.3) benutzt, um die Empfindlichkeit S jetzt auch bei gekrümmter Kennlinie zu definieren:

$$(5.4) \qquad S = \frac{dx_a}{dx_e}.$$

Sie ist damit nicht mehr konstant, sondern hängt vom Arbeitspunkt $[x_e;\ x_a]$ ab. Bei kleinen Meßbereichen genügt es oft, die Kennlinie durch die Tangente im Arbeitspunkt anzunähern.

5.2.2 Dynamisches Verhalten linearer Übertragungsglieder

Unterliegt die Eingangsgröße $x_e(t)$ schnellen zeitlichen Änderungen, folgt die Ausgangsgröße nicht verzögerungsfrei. Das Übertragungsverhalten kann zwar prinzipiell bei genauer Kenntnis der Meßeinrichtung oder ihrer einzelnen Elemente mathematisch berechnet werden, doch ist eine experimentelle Bestimmung vorzuziehen, da nur so mit Sicherheit <u>alle</u> relevanten Einflußgrößen erfaßt werden. Die Eingangsgröße wird dazu in wohldefinierter Weise verändert und die Ausgangsgröße mit genügend hoher Zeitauflösung registriert. Den benutzten zeitlichen Verlauf von $x_e(t)$ bezeichnet man dabei als *Testfunktion*, der resultierende Verlauf von $x_a(t)$ am Ausgang heißt *Antwortfunktion*. Die wichtigsten Testfunktionen sind die *Sprung-*, die *Stoß-* und die *Sinusfunktion*.

5.2.2.1 Übertragung aperiodischer Signale

Fig. 5.3 illustriert das Verhalten eines Systems 1. Ordnung, wenn der Verlauf der Eingangsgröße einer Sprungfunktion (a) folgt. Ein System 1. Ordnung wird formal durch eine Differentialgleichung 1. Ordnung beschrieben. Die Antwortfunktion, (b), generell als

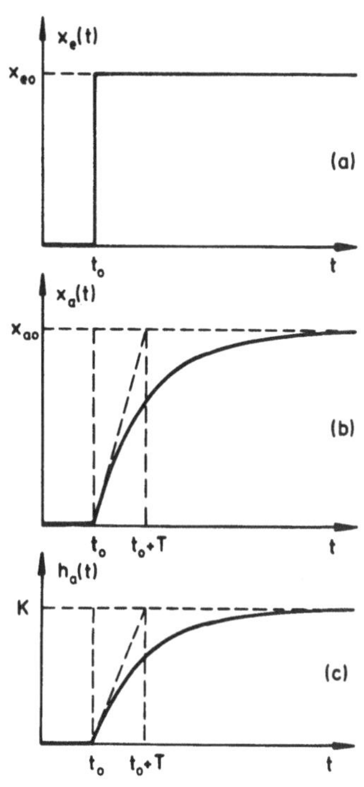

Fig. 5.3: Zeitdiagramme zum
dynamischen Verhal-
ten eines Systems
1. Ordnung

Sprungantwort bezeichnet, nähert sich exponentiell mit der Zeitkonstanten T dem stationären Wert $x_{ao} = Kx_{eo}$:

$$(5.5) \qquad x_a(t) = Kx_{eo}\left[1-e^{-(t-t_o)/T}\right]$$
$$\text{für } t \geq t_o.$$

Nach einer Zeitkonstanten T sind erst 63% des neuen Endwerts erreicht, nach 5 Zeitkonstanten 99%. Entsprechend der geforderten Genauigkeit bezeichnet man als *Einstellzeit* T_E die Zeit, in der sich $x_a(t)$ dem Endwert Kx_{eo} etwa bis auf 5%, 1% oder 0,1% genähert hat.

Zum Vergleich verschiedener Systeme normiert man die Sprungantwort auf die Sprunghöhe x_{eo} der Eingangsgröße,

$$(5.6) \qquad h_a(t) = \frac{x_a(t)}{x_{eo}}$$
$$= K\left[1-e^{-(t-t_o)/T}\right],$$

und bezeichnet diese normierte Sprungantwort als *Übergangsfunktion* (Fig.5.3c).

Die meisten Systeme sind jedoch von 2. oder höherer Ordnung, und die Übergangsfunktion erreicht ihren Endwert schwingend oder kriechend (optimal mit aperiodischem Verhalten). Fig. 5.4 zeigt die entsprechenden Beispiele. Als Einstellzeit T_E bei schwingendem Übergang wird die Zeit bis zu dem Moment genommen, in dem sich die

Übergangsfunktion endgültig bis auf eine festgesetzte Abweichung (hier beispielsweise 5%) dem Endwert genähert hat; bei Systemen mit kriechender Einstellung legt man sie wie bei Systemen 1. Ordnung fest. Zur praktischen Charakterisierung der Übergangsfunktion erweist sich die *Anstiegszeit* T_A als sehr nützlich. Sie gibt die Zeit an, in der $h_a(t)$ von 0,1 K auf 0,9 K anwächst.

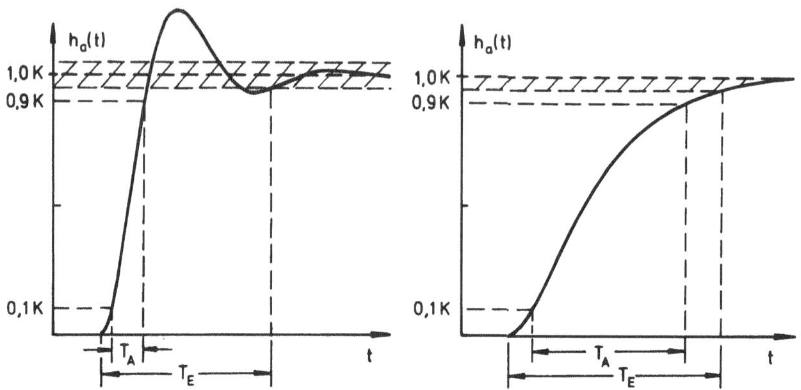

Fig. 5.4: Übergangsfunktionen mit schwingender (a) und mit kriechender Einstellung (b).

In anderen Fällen ist es oft zweckmäßiger, das Übertragungsverhalten mit der Stoßfunktion als Testfunktion zu untersuchen. In einem Photomultiplier erzeugt beispielsweise ein einzelnes an der Photokathode ausgelöstes Elektron an der Anode einen Strompuls, dessen Breite und Form durch Laufzeitstreuungen im Vervielfachersystem bestimmt werden (Abschn. 7.4.2). Ein anderes Beispiel ist der Lichtpuls, den ein Teilchen oder Quant in einem Szintillator bewirken.

Die <u>Stoßfunktion</u> $x_e(t)$ ist dabei ein kurzer Rechteckpuls der Dauer Δt und der Amplitude x_{eo}, wobei Δt so kurz sein muß, daß sich während dieser Zeitspanne noch keine Ausgangsreaktion $x_a(t)$ zeigt. Mathematisch läßt sich im Grenzfall $\Delta t \rightarrow 0$ die Stoßfunktion durch die Dirac'sche δ-Funktion beschreiben (Diracstoß):

$$(5.7) \quad x_e(t) = x_{eo}\delta(t) \qquad \text{mit} \qquad \int_{-\infty}^{\infty} x_e(t)dt = x_{eo}.$$

Die Stoßantwort $x_a(t)$ wird üblicherweise auf x_{eo}, d.h. die Fläche
unter der Eingangsstoßfunktion, normiert und dann als *Gewichtsfunktion* oder *Einheitsstoßantwort* bezeichnet:

$$(5.8) \quad g_a(t) = x_a(t)/x_{eo}.$$

Für eine beliebige Eingangsgröße $x_e(t) \neq 0$ für $t \geq 0$ kann damit die
Antwortfunktion als Faltungsintegral mit der Gewichtsfunktion
dargestellt werden:

$$(5.9) \quad x_a(t) = \int_o^t x_e(\tau)\, g_a(t-\tau)d\tau.$$

Da die Stoßfunktion durch Differentiation aus der Sprungfunktion
hervorgeht, sind Stoß- und Sprungantwort ebenfalls miteinander
verknüpft:

$$(5.10) \quad g_a(t) = \frac{d}{dt}\, h_a(t).$$

Gl.(5.9) wird damit bei gegebener Übergangsfunktion:

$$(5.11) \quad x_a(t) = \int_o^t x_e(\tau)\frac{d\,h_a(t-\tau)}{d\tau}\,d\tau = \int_o^t \frac{d\,x_e(\tau)}{d\tau}\, h_a(t-\tau)d\tau.$$

Verlangt eine spezielle Problemstellung, daß die Pulsform der
Eingangsgröße aus der Ausgangsgröße bestimmt werden muß, eignet
sich die Darstellung entsprechend Gl.(5.9) unter Umständen beson-
ders gut: eine Laplace-Transformation der Gleichung führt zur
Laplace-Transformierten der Eingangsgröße, so daß dann nur die
Rücktransformation durchgeführt werden muß:

$$(5.12) \quad \mathcal{L}\{x_a(t)\} = \mathcal{L}\{x_e(t)\} \cdot \mathcal{L}\{g_a(t)\}.$$

In dieser Darstellung wird auch offenkundig, daß die Laplace-
Transformierte der Gewichtsfunktion das gesamte Übertragungsver-
halten bestimmt; sie wird deshalb als *Übertragungsfunktion* des
Systems bezeichnet und allgemein definiert durch die Beziehung

$$(5.13) \quad H(s) = \frac{\mathcal{L}\{x_a(t)\}}{\mathcal{L}\{x_e(t)\}} = \mathcal{L}\{g_a(t)\} \qquad \text{mit}$$

(5.14) $s = \sigma + i\omega$.

Diese Betrachtungsweise hat den Vorteil, daß sich die Übertragungsfunktion für eine ganze Meßeinrichtung bestehend aus n Elementen in Serie als Produkt der einzelnen Übertragungsfunktionen darstellen läßt:

$$(5.15) \quad H(s) = \prod_{i=1}^{n} H_i(s).$$

5.2.2.2 Übertragung periodischer Signale

Von den periodischen Testfunktionen ist nur die Sinusfunktion von allgemeiner Bedeutung. Nach dem Abklingen der Einschwingvorgänge erhält man bei einer Eingangsfunktion

$$(5.16) \quad x_e(t) = x_{eo}\, e^{i\omega t}$$

eine Ausgangsfunktion der gleichen Kreisfrequenz ω, jedoch mit einer Amplitude x_{ao} und einer Phasenlage ϕ, die beide von ω abhängen:

$$(5.17) \quad x_a(t) = x_{ao}(\omega)e^{i\left[\omega t + \phi(\omega)\right]}.$$

Das Verhältnis von Ausgangs- zu Eingangssignal bezeichnet man als *komplexen Frequenzgang*,

$$(5.18) \quad H(\omega) = \frac{x_{ao}(\omega)}{x_{eo}}\, e^{i\phi(\omega)},$$

der für $\omega \to 0$ natürlich in den statischen Übertragungsfaktor K übergeht. Für die Einheit gilt: $[H] = [K] = [x_a]\,[x_e]^{-1}$. $H(\omega)$ läßt sich im Prinzip in der Gauß'schen Zahlenebene als Ortskurve darstellen, doch für die praktische Anwendung ist die Darstellung im sog. Bode-Diagramm vorteilhaft: der Logarithmus des Zahlenwerts des Amplitudenverhältnisses wie auch die Phase werden über dem

Logarithmus der Frequenz aufgetragen. Fig. 5.5 zeigt als Beispiel *Amplituden- und Phasengang* eines Übertragungselements 1. Ordnung. Für niedrige Frequenzen ist das Amplitudenverhältnis zunächst konstant; mit steigender Frequenz wird das Ausgangssignal immer schwächer, und die Phasenverschiebung nimmt zu. Das System überträgt bei hohen Frequenzen daher nicht mehr gut, und man definiert als sog. *Grenzfrequenz* ω_g die Frequenz, bei der das Amplitudenverhältnis auf $1/\sqrt{2}$, d.h. auf 71% des ursprünglichen Werts abgesunken ist. Für Messungen ist allerdings ein derartiger Amplitudenfehler nicht mehr tragbar: man muß entweder die tolerierte Abweichung spezifizieren (10%, 5%, 1%), oder man bleibt generell mit der höchsten benutzten Frequenz etwa um den Faktor 10 unterhalb der Grenzfrequenz,

$$(5.19) \quad \omega \leq \omega_g/10.$$

In der graphischen Darstellung pflegt man meistens die Frequenz ω auf eine Frequenz ω_0 zu normieren. Obwohl ω_0 willkürlich gewählt werden kann, normiert man zweckmäßig auf die Grenzfrequenz ω_g oder auf die Eigenfrequenz bei schwingungsfähigen Systemen.

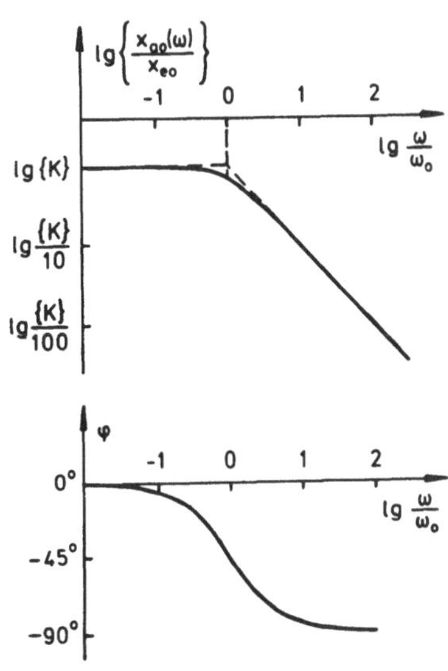

Fig. 5.5: Darstellung des Frequenzgangs im Bodediagramm für ein Element 1. Ordnung

Die in Fig. 5.5 dargestellten Eigenschaften eines Systems kennzeichnen das sog. *"Tiefpaßverhalten"*. Einer der einfachsten Tiefpässe, bei dem Eingangs- und Ausgangsgröße sogar zur gleichen physikalischen Größenart gehören, ist das RC-Glied (s. Fig. 5.6). Der komplexe Frequenzgang kann hier sofort als Verhältnis der

Impedanzen angeschrieben werden, wenn man das Element als Spannungsteiler betrachtet:

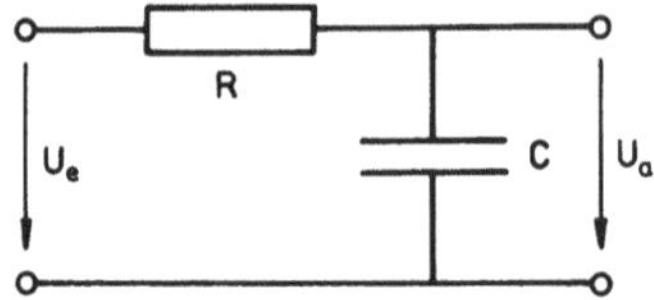

Fig. 5.6: RC-Tiefpaß

$$(5.20) \quad H(\omega) = \frac{U_a}{U_e} = \frac{1/i\omega C}{R + 1/i\omega C} = \frac{1}{1 + i\omega RC}.$$

Daraus ergibt sich:

$$(5.21) \quad |H(\omega)| = \frac{1}{\sqrt{1 + \omega^2 R^2 C^2}} \quad \text{und} \quad \phi = -\arctan \omega RC.$$

Die Grenzfrequenz ist

$$(5.22) \quad \omega_g = 1/RC,$$

und somit wird:

$$(5.23) \quad \lg|H(\omega)| = -\tfrac{1}{2} \lg(1 + \omega^2/\omega_g^2) \quad \text{und} \quad \phi = -\arctan(\omega/\omega_g).$$

(Die Kurven in Fig.5.5 stellen diesen Fall bis auf einen konstanten Faktor {K} im Amplitudengang exakt dar.)

Es ist üblich, den Frequenzbereich zwischen 0 und ω_g als *Bandbreite* zu beschreiben, obwohl als *Bandbreite von Meßsystemen* die strengere Definition des Bereichs von 0 bis $\omega_g/10$ vorzuziehen ist.

Durch Lösung der Differentialgleichung ergibt sich für die Zeitkonstante der Übergangsfunktion des RC-Glieds folgende Relation, die allgemein aber für alle Systeme 1. Ordnung gilt:

$$(5.24) \quad \omega_g = 1/T.$$

Mit Gl.(5.6) wird damit die Anstiegszeit

(5.25) $\quad T_A = \dfrac{\ln 9}{\omega_g} \approx \dfrac{2,2}{\omega_g}.$

Für die Einstellzeit T_E erhält man bei einer geforderten Genauigkeit von 1%

(5.26) $\quad T_E \approx \dfrac{5}{\omega_g}.$

Entsprechende Beziehungen lassen sich für alle Systeme höherer Ordnung finden, auch wenn diese nicht immer allgemein theoretisch begründbar sind. In der Praxis benutzt man daher oft Gln.(5.25) und (5.26) als Faustformel auch für diese Fälle.

Elemente mit *"Hochpaßverhalten"* können nur für dynamische Messungen benutzt werden; sie unterdrücken niederfrequente Anteile einschließlich eventuell vorhandener Gleichanteile. Fig. 5.7 zeigt die für einen Hochpaß typische Amplitudenkennlinie, Fig. 5.8 den einfachsten CR-Hochpaß. (Bis auf einen Faktor ist wieder der Amplitudengang der Fig. 5.7 der des CR-Glieds). Bei der *unteren Grenzfrequenz* ist das Amplitudenverhältnis $1/\sqrt{2}$ des maximalen Werts. Das Verhältnis der Impedanzen liefert für das CR-Glied den Frequenzgang:

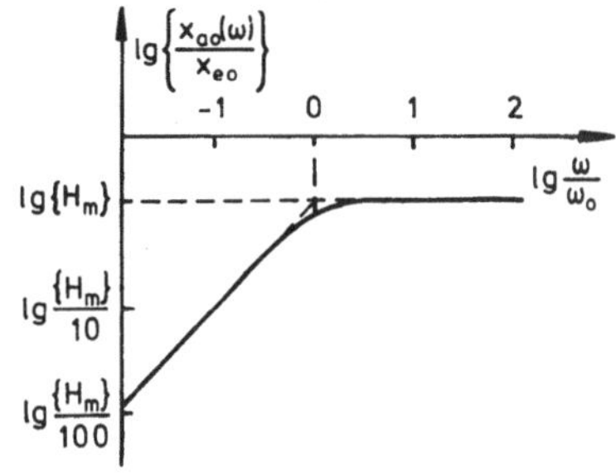

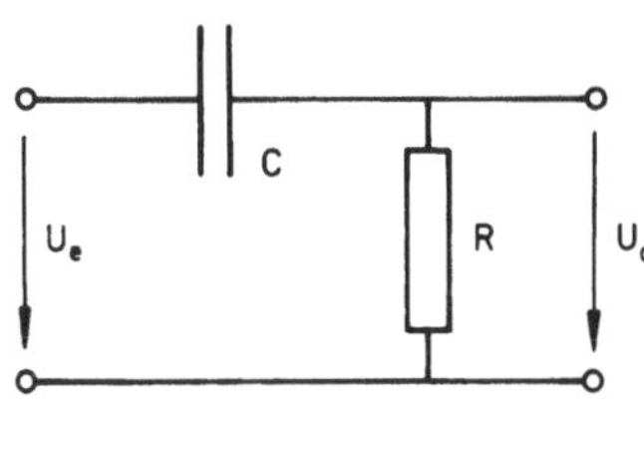

Fig. 5.7: Amplitudenkennlinie eines Hochpasses

Fig. 5.8: CR-Hochpaß

(5.27) $\quad H(\omega) = \dfrac{U_a}{U_e} = \dfrac{R}{R + 1/i\omega C} = \dfrac{i\omega RC}{1 + i\omega RC},$

bzw. die Kennlinien

$$(5.28) \quad |H(\omega)| = \frac{\omega RC}{\sqrt{1 + \omega^2 R^2 C^2}} = \frac{\omega/\omega_{gu}}{\sqrt{1 + (\omega/\omega_{gu})^2}} \quad \text{und}$$

$$(5.29) \quad \phi(\omega) = \arctan(1/\omega RC) = \arctan(\omega_{gu}/\omega)$$

mit der unteren Grenzfrequenz

$$(5.30) \quad \omega_{gu} = 1/RC.$$

Die Amplitudenkennlinie eines schwingungsfähigen Systems zeigt schließlich ein typisches Maximum bei der Eigenfrequenz ω_o (Fig. 5.9 illustriert den Fall eines entsprechenden Tiefpasses), während die Kombination von Tief- und Hochpaßeigenschaften zum sog. *"Bandpaßverhalten"* anderer Übertragungsglieder führt (Fig. 5.10).

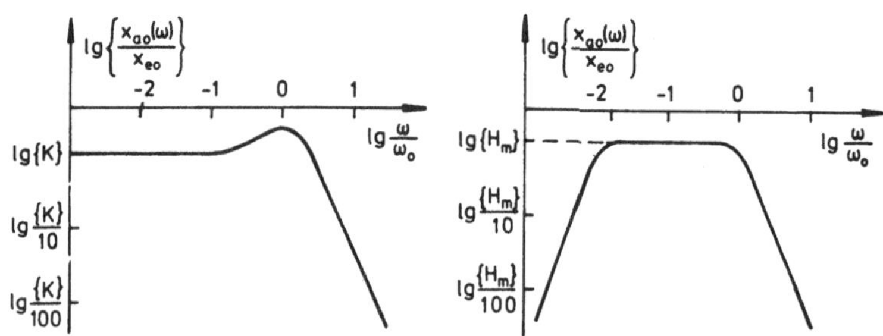

Fig. 5.9: Amplitudengang eines schwingungsfähigen Systems

Fig. 5.10: Amplitudengang eines Elements mit Bandpaßverhalten

Den komplexen Frequenzgang erhält man im Prinzip als Spezialfall der Übertragungsfunktion, indem man $s = i\omega$ setzt. Damit ist offenkundig, daß analog Gl.(5.15) $H(\omega)$ einer ganzen Meßeinrichtung bei einer Reihenschaltung der Elemente auch gleich dem Produkt der einzelnen Frequenzgänge ist:

$$(5.31) \quad H(\omega) = \prod_{k=1}^{n} H_k(\omega),$$

bzw. mit Gl. (5.18)

$$(5.32) \quad H(\omega) = \prod_{k=1}^{n} |H_k(\omega)| \times \exp\left[i \sum_{k=1}^{n} \phi_k(\omega)\right].$$

Das Bode-Diagramm der Meßeinrichtung ergibt sich damit einfach durch graphische Addition der Amplituden- und Phasenkennlinien der einzelnen Elemente, da die Amplitudenverhältnisse logarithmisch als $\lg|H_k(\omega)|$ aufgetragen sind.

Umgekehrt erlaubt die Analyse der Übertragungseigenschaften einer Meßeinrichtung durch Betrachtung der Übertragungsfunktionen bzw. komplexen Frequenzgänge der einzelnen Elemente, gezielte Verbesserungen an kritischen Punkten durchzuführen.

5.3 <u>Gegenkopplungsprinzip</u>

Eine Möglichkeit, die Übertragungseigenschaften eines Geräts oder Übertragungselements zu beeinflussen, bietet das Verfahren *der Gegenkopplung*. Fig. 5.11 zeigt das Prinzip. Die Ausgangsgröße $x_a(t)$ wird mit einem weiteren Übertragungsglied auf den Eingang zurückgeführt und der Eingangsgröße $x_e(t)$ entgegengeschaltet. Sind die komplexen Frequenzgänge von Übertrager und Rückführelement $H_o(\omega)$ und $H_r(\omega)$, erhält man für eine sinusförmige Eingangsfunktion der Frequenz ω die sinusförmige Antwortfunktion

$$(5.33) \quad x_a(t) = H_o(\omega)\left[x_e(t) - H_r(\omega)x_a(t)\right].$$

Eine einfache Umformung führt zu

$$(5.34) \quad x_a(t) = \frac{H_o(\omega)}{1 + H_o(\omega)\,H_r(\omega)}x_e(t),$$

und der effektive komplexe Frequenzgang ist damit

$$(5.35) \quad H_{eff}(\omega) = \frac{H_o(\omega)}{1 + H_o(\omega)\,H_r(\omega)}.$$

Wird er in der Form geschrieben

$$(5.36) \quad H_{eff} = \frac{1}{H_r} \left\{ \frac{1}{1 + 1/H_r H_o} \right\} = \frac{1}{H_r} \cdot F_r,$$

wird deutlich, daß er durch den reziproken Frequenzgang des Rückführelements multipliziert mit einem Korrekturfaktor $F_r = (1+1/H_o H_r)^{-1}$ bestimmt wird. Ist

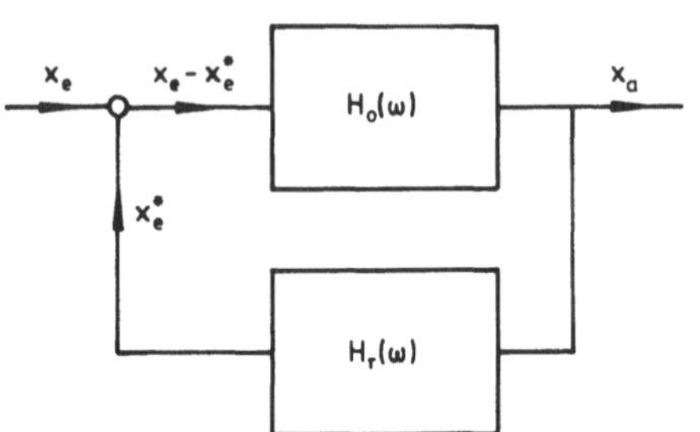

Fig.. 5.11: Rückführschaltung

$$(5.37) \quad |H_o| \gg |H_r|^{-1},$$

wird dieser Korrekturfaktor sogar $F_r = 1$. Die Vorteile sind offenkundig. Während die in vielen Fällen aktiven Vorwärtselemente (H_o) durch äußere Einflüsse leicht in ihren Übertragungseigenschaften beeinflußt werden können, wählt man für das Rückführelement zweckmäßig passive Bauteile. Störungen im Vorwärtszweig wirken sich dann auf die Übertragungseigenschaften des gesamten gegengekoppelten Systems gar nicht mehr oder nur schwach aus. Die Wahl des Frequenzganges H_r erlaubt zudem, eine gewünschte Frequenzabhängigkeit einzustellen. Man muß allerdings in Kauf nehmen, daß die Empfindlichkeit des Systems entsprechend Gl.(5.36) reduziert wird. Am bekanntesten sind Gegenkoppplungsschaltungen bei Verstärkern.

5.4 Die elektrische Leitung

5.4.1 Leitungen als Übertragungselemente

Zu den wichtigsten Übertragungselementen gehört die homogene elektrische Leitung. In der Kette einer Meßeinrichtung (Fig. 5.1) dient sie nicht nur als kurze Verbindung zweier anderer Glieder sondern auch zur Übertragung der Signale über größere Entfernungen. Als Meßleitungen mit großer Übertragungsbreite werden mei-

stens Koaxialkabel benutzt; Innen- und Außenleiter sind konzen-
trisch angeordnet, und zwischen ihnen befindet sich ein verlustar-
mes Dielektrikum. Die elektrischen und magnetischen Felder der
übertragenden Wellen sind im Raum zwischen beiden Leitern einge-
schlossen, wobei der Außenleiter gleichzeitig äußere Störfelder
abschirmt.

Die Einfachheit des Systems verleitet leider öfters zur Nichtbeachtung der Übertragungseigenschaften der elektrischen Leitung und
führt dann u.U. zu schwerwiegenden Fehlern. Die folgenden Beispiele mögen dies illustrieren. Der kurze Lichtpuls eines Farbstoff-
lasers soll mit einer Photodiode registriert und das Signal mit
einem schnellen Oszillographen aufgezeichnet werden. Fig. 5.12a
zeigt das Resultat auf dem Schirm, wenn man den Ausgang der Photodiode einfach über eines der üblichen Koaxialkabel von 1 m Länge
mit dem hochohmigen Eingang (R_O = 1 MΩ) des Oszillographen verbindet. Eine Kabellänge von l = 11 m führt zu der Sequenz von Signalen der Fig. 5.12b, und erst eine Eingangsimpedanz, die dem Wellenwiderstand des Kabels entspricht (hier R_O = 50 Ω), ergibt den
für diesen Widerstand zu erwartenden korrekten Spannungspuls der
Fig. 5.12c.

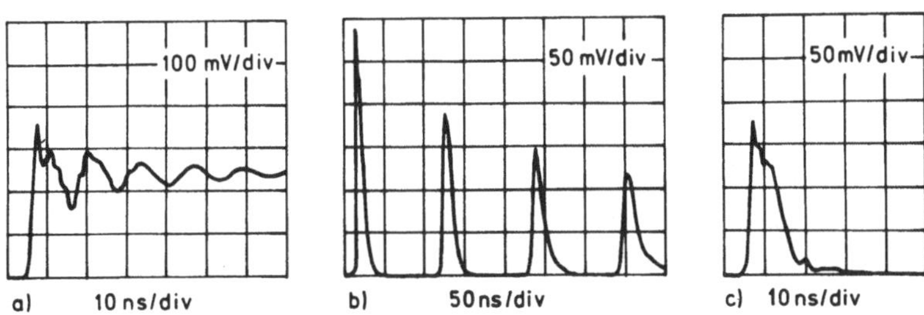

Fig. 5.12: a) Signal einer Photodiode am hochohmigen Eingang
(R_O = 1 MΩ) eines Oszillographen, Kabellänge l = 1 m;
b) l = 11 m; R_O = 1 MΩ; c) l = 1m, R_O = 50 Ω

Fig. 5.13 enthüllt, wie schon relativ kurze Leitungen die Übertragung bei sehr hohen Frequenzen beeinflussen, obwohl diese sog. HF-
Kabel im allgemeinen als verlustarm bezeichnet werden. Das Kabel

ist mit dem korrekten Wellenwiderstand abgeschlossen, und bei
einer Länge von l = 1 m wird die Modulation des Laserpulses noch
deutlich übertragen (Fig. 5.13a). Bei einer Länge von l = 11 m ist
die Modulation nur noch schwach erkennbar (Fig. 5.13b), während
bei l = 79 m die Dämpfung das gesamte Signal bereits drastisch
reduziert hat (Fig. 5.13c).

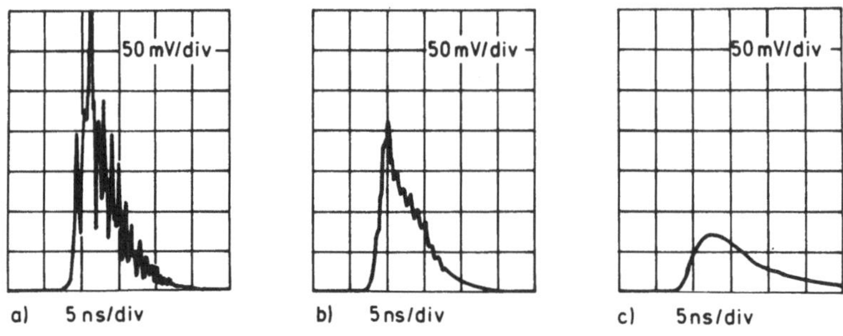

Fig. 5.13: Signal einer sehr schnellen Photodiode am Ende eines
Kabels der Länge l; das Kabel ist mit dem Wellenwiderstand abgeschlossen. Die Aufzeichnung erfolgte mit einem Oszillographen der Bandbreite 1 GHz; a) l = 1 m;
b) l = 11 m; c) l = 79 m. Kabeltyp: RG 58 C/U.

5.4.2   Leitungsgleichungen

Zur Ermittlung der Übertragungseigenschaften der elektrischen
Leitung betrachten wir ein kurzes Stück einer Doppelleitung; die
Länge dz des Leiterelements soll dabei sehr klein gegen die Wellenlänge der entlang der Leitung laufenden Welle sein. Fig. 5.14
zeigt die Strom- und Spannungsverhältnisse, wobei beide Größen vom
Ort z und der Zeit t abhängen. Die benachbarten Leiterstücke
werden gegensinnig vom Strom I(z) durchflossen und weisen zusammen
einen ohmschen Widerstand dR auf. Jede Ader ist dabei von magnetischen Feldlinien umgeben, und somit hat das Leiterelement auch
eine Induktivität dL. Die Kapazität zwischen den Adern ist dC, die

Verluste in dem die Leiter umgebenden Dielektrikum berücksichtigt
ein Querleitwert dG. Es ist üblich, diese Leitungsgrößen auf die
Längeneinheit zu beziehen und als *Belag* der betreffenden Größe zu
bezeichnen:

Widerstandsbelag R' = $\frac{dR}{dz}$, Induktivitätsbelag L' = $\frac{dL}{dz}$,

Ableitungsbelag G' = $\frac{dG}{dz}$, Kapazitätsbelag C' = $\frac{dC}{dz}$.

Die vier Leitungsbeläge bestimmen vollständig das elektrische
Verhalten der Leitung, und sind sie entlang der Leitung konstant,
bezeichnet man diese als *homogen*.

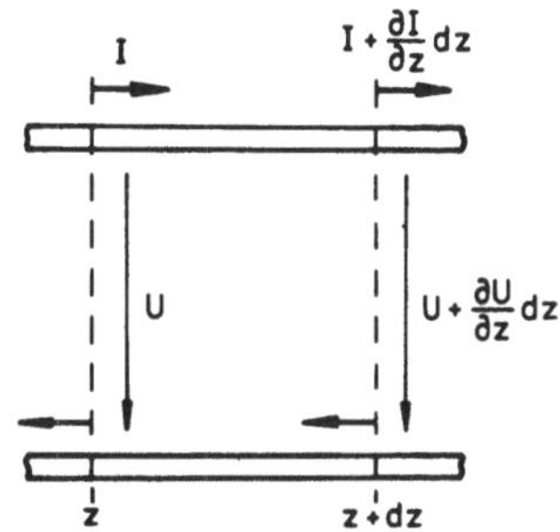

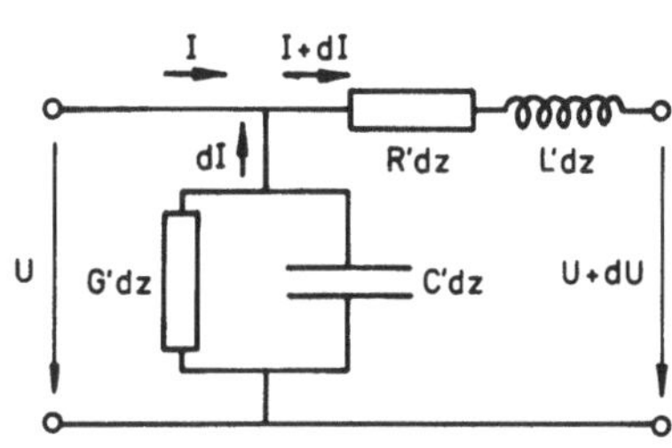

Fig. 5.14: Strom- und Spannungs-   Fig. 5.15: Ersatzschaltbild des
verhältnisse an einem   differentiellen Lei-
Leiterstück   tungsstückes

Die Grundgleichungen können bequem mit Hilfe des Ersatzschaltbil-
des des Leiterstücks (Fig. 5.15) aufgestellt werden:

$$dI = \frac{\partial I}{\partial z} dz = - UG'dz - C'dz \frac{\partial U}{\partial t},$$

$$dU = \frac{\partial U}{\partial z} dz = - IR'dz - L'dz \frac{\partial I}{\partial t}, \quad \text{oder}$$

$$(5.38) \quad - \frac{\partial I}{\partial z} = UG' + C'\frac{\partial U}{\partial t},$$

$$(5.39) \quad - \frac{\partial U}{\partial z} = IR' + L'\frac{\partial I}{\partial t}.$$

Differentiation der ersten Gleichung nach t und der zweiten nach z
liefert nach gegenseitigem Einsetzen die Leitungsgleichung für die
Spannung

$$(5.40) \qquad \frac{\partial^2 U}{\partial z^2} = L'C' \frac{\partial^2 U}{\partial t^2} + (R'C' + G'L') \frac{\partial U}{\partial t} + R'G'U.$$

Sie wird oft auch als *Telegraphengleichung* bezeichnet. Die entsprechende Gleichung für den Strom ist identisch, U wird nur durch
I ersetzt [5.7; 5.10].

5.4.3   Übertragungseigenschaften der Leitung

5.4.3.1 Statischer Übertragungsfaktor

Im Falle $\partial/\partial t = 0$ und $\partial^2/\partial t^2 = 0$ werden

$$(5.41) \qquad \frac{\partial^2 U}{\partial z^2} = R'G'U \quad \text{und} \quad \frac{\partial^2 I}{\partial z^2} = R'G'I.$$

Spannung und Strom nehmen bedingt durch ohmsche und dielektrische
Verluste entlang der Leitung ab. Die Lösungen dieser Differentialgleichungen haben die Form

$$U = U_1 \, e^{-\lambda z} + U_2 \, e^{\lambda z} \quad \text{und} \quad I = I_1 \, e^{-\lambda z} + I_2 \, e^{\lambda z}$$

mit $\lambda = \sqrt{R'G'}$; die Konstanten U_1, U_2, I_1 und I_2 sind durch die
Bedingungen am Anfang und Ende der Leitung sowie durch Gl.(5.38)
und Gl.(5.39) bestimmt. Für den Fall einer Spannung U_e am Eingang
(z = 0) und eines Widerstands R_a am Ende einer Leitung der Länge l
ergibt sich so der statische Übertragungsfaktor K der Leitung zu

$$(5.42) \qquad K = U_a/U_e = 1/ \left[\cosh(\sqrt{R'G'}\, l) + \frac{1}{R_a} \sqrt{\frac{R'}{G'}} \, \sinh(\sqrt{R'G'}\, l) \right].$$

Der Widerstandsbelag berechnet sich als ohmscher Widerstand des
Innen- und Außenleiters pro Längeneinheit und ist für typische
Kabel von der Größe $R' = 2 \times 10^{-3} \ \Omega \ m^{-1}$, während der Ableitungsbelag infolge des hohen Isolationswiderstandes sehr klein ist; er
liegt in der Größenordnung $G' \approx 10^{-9} \ \Omega^{-1} m^{-1}$. Damit geht Gl. (5.42)

für $\sqrt{R'G'}\, l \ll 1$ über in

$$(5.43) \quad K = \frac{R_a}{R_a + R'l},$$

d.h. $K \simeq 1$ für viele in der Praxis vorkommende Fälle.

5.4.3.2 Eigenschaften der verlustlosen Leitung

Die dynamischen Übertragungseigenschaften folgen aus der vollständigen Telegraphengleichung, doch ist der Spezialfall der *verlustlosen* Leitung von besonderer Bedeutung, da man ihn wo immer nur
möglich anstreben wird. Wir setzen

$$(5.44) \quad R' = 0 \quad \text{und} \quad G' = 0$$

und erhalten für die *ideale* Leitung

$$(5.45) \quad \frac{\partial^2 U}{\partial z^2} = L'C'\,\frac{\partial^2 U}{\partial t^2},$$

$$(5.46) \quad \frac{\partial^2 I}{\partial z^2} = L'C'\,\frac{\partial^2 I}{\partial t^2}.$$

Strom und Spannung gehorchen der Wellengleichung: sie bewegen sich
als Welle ungedämpft mit der Phasengeschwindigkeit

$$(5.47) \quad v = \frac{1}{\sqrt{L'C'}}$$

entlang der Leitung. Wird eine zunächst unendlich lang angenommene
Leitung am Eingang ($z = 0$) mit der Spannung

$$(5.48) \quad U_e(t) = U_{eo}(\omega)\,e^{i\omega t}$$

gespeist, wird die fortlaufende Welle durch

$$(5.49) \quad U(z,t) = U_{eo}(\omega)\,e^{i(\omega t - \beta z)}$$

beschrieben. $\beta = \omega/v$ wird als Phasenausbreitungskonstante bezeichnet. Für den Strom gilt entsprechend

$$(5.50) \quad I(z,t) = I_{eo}(\omega)\, e^{i(\omega t - \beta z - \phi)},$$

wobei zunächst noch eine Phasenverschiebung ϕ zugelassen ist. Gl. (5.38) verknüpft aber beide, und setzen wir unsere Lösungen Gl.(5.49) und Gl. (5.50) ein, erhalten wir:

$$(5.51) \quad \phi = 0,$$

Strom und Spannung sind in Phase;

$$(5.52) \quad \frac{U(z,t)}{I(z,t)} = \sqrt{\frac{L'}{C'}} = Z_o,$$

das Verhältnis von Spannung und Strom ist an jeder Stelle der Leitung für die fortlaufende Welle konstant und <u>reell</u>, es wird als *Wellenwiderstand Z_o der verlustlosen Leitung* bezeichnet. Damit ist auch der Eingangswiderstand der unendlich langen Leitung gleich dem Wellenwiderstand.

In der Realität hat natürlich jede Leitung eine endliche Länge 1 und ist am Ende mit einer Impedanz Z_a abgeschlossen, die ein beliebiger Widerstand oder ein Netzwerk aus konzentrierten Schaltelementen sein kann. Im allgemeinen führt dies dazu, daß die einlaufende Welle teilweise reflektiert wird, wobei auch eine Phasenänderung ϕ auftreten kann. Wir definieren den komplexen Reflexionsfaktor

$$(5.53) \quad r = |r|e^{i\phi}$$

als das Verhältnis der Spannung von reflektierter und einfallender Welle an der Ausgangsimpedanz Z_a. Die allgemeinen Lösungen der Wellengleichungen (5.45) und (5.46),

$$(5.54) \quad U = U_1 e^{i(\omega t - \beta z)} + U_2 e^{i(\omega t + \beta z)}$$

$$(5.55) \quad I = I_1 e^{i(\omega t - \beta z)} + I_2 e^{i(\omega t + \beta z)} \, ,$$

mit den 4 komplexen Integrationskonstanten U_1, U_2, I_1 und I_2, gehen für diesen Fall einer einlaufenden und einer reflektierten Welle mit Gln. (5.38), (5.48) und (5.53) über in:

$$(5.56) \quad U(z,t) = U_{eo}(\omega) \left[e^{i(\omega t - \beta z)} + r \, e^{i(\omega t + \beta z - 2\beta l)} \right] \, ,$$

$$(5.57) \quad I(z,t) = \frac{U_{eo}(\omega)}{Z_o} \left[e^{i(\omega t - \beta z)} - r \, e^{i(\omega t + \beta z - 2\beta l)} \right] \, .$$

Die Phase $(-2\beta l)$ der reflektierten Welle berücksichtigt die endliche Laufzeit der Welle über das Leitungsende zum Ort z. Die Beziehung

$$(5.58) \quad U_a(t) = U(l,t) = Z_a \cdot I(l,t)$$

liefert mit den Gln. (5.56) und (5.57) den Reflexionsfaktor

$$(5.59) \quad r = \frac{Z_a - Z_o}{Z_a + Z_o}.$$

Er gilt in dieser Form auch für verlustbehaftete Leitungen ($R' \neq 0$, $G' \neq 0$), wenn Z_o komplex wird, s. Gl.(5.64).

Der für die Übertragung von Signalen wichtigste Fall liegt vor, wenn die Ausgangsimpedanz gleich dem Wellenwiderstand ist, $Z_a = Z_o$: der Reflexionsfaktor wird $r = 0$, es wird <u>keine</u> Welle reflektiert. Das am Eingang der Leitung eingespeiste Signal erscheint ungedämpft am Ausgang, und zwar verzögert um die Laufzeit

$$(5.60) \quad t_l = l/v = l \sqrt{L'C'}.$$

Es wird im Widerstand Z_a vollständig absorbiert, man spricht von *Leitungsanpassung*.

Im *Kurzschlußfall* mit $Z_a = 0$ wird $r = -1$, d.h. die Reflexion der Spannungswelle erfolgt mit ungeänderter Amplitude, aber um 180° in der Phase verschoben. Ist die Leitung mit einem sehr hohen Widerstand abgeschlossen (*Leerlauffall*), ist r = 1; die Wellen werden jetzt mit unveränderter Phase reflektiert, sie addieren sich:

$$(5.61) \quad U_a(t) = 2 \times U_{eo}(\omega) \, e^{i(\omega t - \beta l)}.$$

Wir erhalten am Abschlußwiderstand die doppelte Spannung. Für die Ströme der reflektierten Wellen ergeben sich mit Gl.(5.57) gerade die umgekehrten Verhältnisse.

Bei nicht angepaßter Leitung muß selbstverständlich auch die Impedanz des die Leitung speisenden Generators berücksichtigt werden, doch verweisen wir hier auf die Literatur [5.7; 5.10].

Wir können jetzt unsere Signale der Fig. 5.12 verstehen. Bei Anpassung (c) wurde auf dem Oszillographenschirm das korrekte Signal der Diode aufgezeichnet. Der Abschluß der Leitung mit dem hochohmigen Eingang des Oszillographen (b) führte dazu, daß das Signal nicht nur mit gleicher Phase reflektiert wurde, der Vorgang wiederholte sich auch am anderen Ende des Kabels, da die Photodiode als Stromgenerator mit höherem Innenwiderstand wirkte. Am Ausgang erschienen so weitere Signale nach der doppelten Laufzeit des Signals auf dem Kabel. Kabellänge und Laufzeit ergaben die Geschwindigkeit der Wellen von etwa 20 cm/ns (d.h. 2/3 der Geschwindigkeit c des Lichts im Vakuum), die typisch für viele HF-Kabel ist. Im Falle des 1 m langen Kabels (a) war die gesamte Pulsdauer des Diodenstroms länger als die doppelte Laufzeit, die noch in der Modulation des aufgezeichneten Signals in Erscheinung tritt. Die Leitereigenschaften kommen allerdings für das kurze Kabelstück ohne Anpassung nicht mehr zum Tragen: es wirkt in erster Linie wie ein konzentrierter Kondensator der Kapazität C'l (etwa 100 pF), der durch den Strompuls der Photodiode aufgeladen wird, und der sich dann mit der entsprechenden Zeitkonstanten über den Eingangswiderstand des Oszillographen und den Innenwiderstand der Diode entlädt. Die Kapazitäten der Diode und des Eingangsverstärkers des Oszillographen müssen dabei selbstverständlich mitberücksichtigt werden. Die beobachtete Zeitkonstante von der Größenordnung 10^{-4}s stimmte mit diesen Überlegungen überein.

5.4.3.3 <u>Eigenschaften der verlustbehafteten Leitung</u>

Die Berücksichtigung von Verlusten $(R'{\neq}0; G'{\neq}0)$ bedingt naturgemäß
eine Dämpfung der Wellen. Der Ansatz einer entsprechenden fort-
schreitenden Welle

$$(5.62) \quad U(z,t) = U_{eo}(\omega)\, e^{i\omega t}\, e^{-\gamma z}$$

führt zu einer Lösung der Telegraphengleichung (5.40) mit

$$(5.63) \quad \gamma = \sqrt{(R' + i\omega L')\,(G' + i\omega C')} = \alpha + i\beta.$$

γ wird dabei als Ausbreitungskoeffizient bezeichnet, α als Dämpfungskonstante. Für den Strom gilt die entsprechende Gleichung.
Analog zum Fall der verlustlosen Leitung setzen wir beide Lösungen
in Gl.(5.38) ein und erhalten als Verhältnis von Spannung und
Strom den Wellenwiderstand Z

$$(5.64) \quad Z = \sqrt{\frac{R'+i\omega L'}{G'+i\omega C'}}\,,$$

der jetzt nicht nur komplex ist, sondern auch von der Frequenz
abhängt. Die Betrachtung der am Leitungsende reflektierten Welle
führt zu einem Reflexionsfaktor, der die gleiche Form hat wie der
für die verlustlose Leitung (Gl.(5.59)).

Die Leitungen für Meßzwecke und Signalübertragungen zeichnen sich
durch geringe Verluste aus:

$$(5.65) \quad R' \ll \omega L' \qquad \text{und} \qquad G' \ll \omega C'.$$

Bei hohen Frequenzen sind diese Bedingungen praktisch immer erfüllt. Der Wellenwiderstand ist dann reell $(Z = Z_o)$, der Ausbreitungskoeffizient γ kann nach Ausklammern von $\omega\sqrt{L'C'}$ entwickelt
werden und liefert folgende Näherungsausdrücke für die Phasen- und
Dämpfungskonstante:

$$(5.66) \quad \beta \approx \omega \sqrt{L'C'}$$

$$(5.67) \quad \alpha \approx \frac{R'}{2}\sqrt{\frac{C'}{L'}} + \frac{G'}{2}\sqrt{\frac{L'}{C'}} \approx \frac{1}{2}\left(\frac{R'}{Z} + G'Z_O\right).$$

Wir erkennen zunächst, (Gl. (5.66)), daß sich auch hier die Signale mit der gleichen Geschwindigkeit $v = \omega/\beta = 1/\sqrt{L'C'}$ ausbreiten wie auf der verlustlosen Leitung. Diese Geschwindigkeit ist dazu nahezu frequenzunabhängig, da sowohl Kapazitäts- wie auch Induktivitätsbelag praktisch nicht von der Frequenz abhängen. Beide lassen sich aus den geometrischen Daten und den Materialkonstanten der Koaxialleitung berechnen [5.10]:

$$(5.68) \quad C' = \frac{2\pi\varepsilon_r\varepsilon_O}{\ln(D/d)} = 55,6\,\frac{\varepsilon_r}{\ln(D/d)}\,\frac{pF}{m},$$

$$(5.69) \quad L' = \frac{1}{2\pi}\mu_r\mu_O\ln(D/d) = 200\,\mu_r\ln(D/d)\,\frac{nH}{m}.$$

ε_O, ε_r, μ_O und μ_r sind elektrische Feldkonstante, Dielektrizitätszahl, magnetische Feldkonstante und Permeabilitätszahl; d ist der Durchmesser des Innenleiters, D der Innendurchmesser des Außenleiters. Der Wellenwiderstand wird damit ($\mu_r = 1$ gesetzt)

$$(5.70) \quad Z_O = \sqrt{\frac{L'}{C'}} = 59,96\,\frac{1}{\sqrt{\varepsilon_r}}\ln(D/d)\,\Omega$$

und die Phasengeschwindigkeit

$$(5.71) \quad v = \frac{1}{\sqrt{L'C'}} = \frac{1}{\sqrt{\varepsilon_r\varepsilon_O\mu_r\mu_O}} \approx \frac{c}{\sqrt{\varepsilon_r}}.$$

Die Dielektrizitätszahl des Materials zwischen den Leitern bestimmt in dieser Näherung allein die Phasengeschwindigkeit der Wellen, und da in vielen HF-Leitungen Polyäthylen mit $\varepsilon_r = 2,28$ benutzt wird, ist eine Geschwindigkeit von etwa 2/3 der Vakuumlichtgeschwindigkeit c sofort verständlich. Die bevorzugten Wellenwiderstände von Koaxialkabeln sind 50Ω und 75Ω, obgleich 60Ω-, 95Ω- und 120Ω-Kabel auch erhältlich sind.

Die Dämpfungskonstante setzt sich additiv aus den durch die ohm-

schen Leiterverluste und die dielektrischen Verluste bedingten
Anteilen zusammen, die verschieden stark mit der Frequenz größer
werden. Für hohe Frequenzen ergibt sich

$$(5.72) \quad R' \sim \sqrt{\omega} \quad \text{und} \quad G' \sim \omega.$$

Das Anwachsen der ohmschen Verluste ist durch die mit zunehmender
Frequenz steigende Stromverdrängung bedingt (Skin-Effekt); bei
sehr hohen Frequenzen überwiegen dann die dielektrischen Verluste.

Die Übertragungseigenschaften der Leitung der Länge l, die am Ende
mit dem Wellenwiderstand Z_O abgeschlossen ist, können jetzt bequem
durch den komplexen Frequenzgang $H(\omega)$ beschrieben werden. (In der
Nachrichtentechnik ist es üblich, $H(\omega)$ als Übertragungsfunktion zu
bezeichnen). Mit den Gln.(5.62) und (5.63) wird:

$$(5.73) \quad H(\omega) = \frac{U_a(t)}{U_e(t)} = \frac{U(l,t)}{U(O,t)} = e^{-\alpha l}\, e^{-i\beta l} = |H(\omega)|\, e^{i\phi}.$$

Die Phase $\phi = -\beta l = -\omega t_1$ ist allein durch die Laufzeit t_1 der
Wellen bestimmt, der Amplitudengang $|H(\omega)|$ durch die Dämpfungskon-
stante α und die Länge l der Leitung. Datenblätter von Leitungen
geben die Dämpfungskonstante, aus der dann durch Multiplikation
mit der Länge l der Leitung der Logarithmus des Amplitudengangs
gewonnen werden kann:

$$(5.74) \quad \alpha(\omega) = -\frac{1}{l}\ln|H(\omega)| = \frac{1}{l}\ln\frac{|U_e|}{|U_a|}, \quad \text{bzw.}$$

$$(5.75) \quad \lg|H(\omega)| = -0{,}434\,\alpha(\omega)\,l.$$

Obwohl das Amplitudenverhältnis eine dimensionslose Größe ist, haben sich für derartige logarithmierte Größenverhältnisse *einhei-
tenähnliche* Hinweise eingebürgert [2.3]: der natürliche Logarithmus des Verhältnisses zweier Feldgrößen (hier der Spannung)
wird mit dem Hinweis <u>Neper</u> (Kurzzeichen: Np) versehen. Damit erhält $\alpha(\omega)$ den einheitenähnlichen Hinweis Np/m:

$$(5.76) \quad \alpha(\omega) = \frac{1}{\{1\}} \ln\frac{|U_e|}{|U_a|} \; \frac{Np}{m}.$$

$\{1\}$ ist die Maßzahl der Länge der Leitung. Der Zehnerlogarithmus wird zunächst primär auf das Verhältnis von Leistungsgrößen angewendet und mit dem Hinweis __Bel__ (Kurzzeichen: B) versehen. In der Praxis überträgt man ihn allerdings auch auf Feldgrößen und nimmt den zehnten Teil, das __Dezibel__ (dB). Die Umrechnung für die Dämpfungskonstante erfolgt dann gemäß

$$(5.77) \quad 1 \; Np/m = 8{,}686 \; dB/m.$$

Fig. 5.16 zeigt die Dämpfungskonstante als Funktion der Frequenz ν

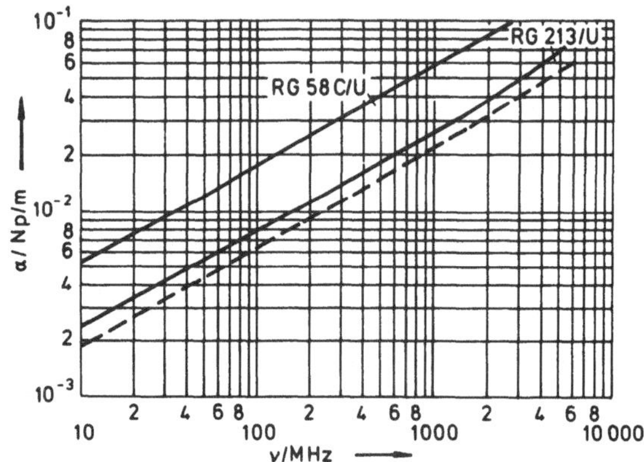

Fig. 5.16: Dämpfungskonstante α für die Koaxialkabel RG 58 C/U und RG 213/U als Funktion der Frequenz ν. Die gestrichelte Kurve gilt für eine dämpfungsarme Variante des Kabels RG 213/U, bei dem als Isoliermaterial geschäumtes Polyäthylen verwendet wird.

für zwei häufig in der Meßtechnik verwendete Koaxialkabel. Mit Hilfe dieser Kurven kann man die obere Grenzfrequenz ω_g bestimmen, bei der das Amplitudenverhältnis auf $1/\sqrt{2}$ abgesunken ist. Gl. (5.74) liefert

$$(5.78) \quad \alpha(\omega_g) = \frac{0{,}347}{\{1\}} \; \frac{Np}{m} = \frac{3{,}010}{\{1\}} \; \frac{dB}{m}.$$

Für das Beispiel der Fig. 5.13 erhalten wir so die Dämpfungskonstanten (b) $\alpha(\omega_g)$ = 0,0315 Np/m und (c) $\alpha(\omega_g)$ = 4,39 × 10^{-3} Np/m mit den Grenzfrequenzen (b) ν_g ~ 310 MHz und (c) ν_g ~ 7 MHz. Die beobachtete Dämpfung der Signale wird so verständlich. Es ist auch offenkundig, wie man durch Wahl des Kabels RG 213/U die Übertragung hätte verbessern können, da bei gleichen Kabellängen die entsprechenden Grenzfrequenzen (b) ν_g ~ 1450 MHz und (c) ν_g ~ 33 MHz sind.

5.5   Signalübertragung durch Lichtwellenleiter

5.5.1   Prinzip des optischen Übertragungssystems

Die Lichtleitung durch Glasfasern ist zwar seit langem bekannt und wurde auch für verschiedene Anwendungen ausgenutzt, doch erst mit der erfolgreichen Herstellung von Fasern extrem geringer Dämpfung zu Beginn der siebziger Jahre setzte eine stürmische Entwicklung optischer Übertragungssysteme ein, die insbesondere auch die Nachrichtentechnik der Zukunft wesentlich verändern wird. [5.2; 5.4; 5.8].

Ein optisches Übertragungssystem besteht im Prinzip aus drei Elementen (Fig. 5.17): (a) dem Sender, einer Laser- oder Lumineszenzdiode, die durch einen elektrischen Strom zur Lichtemission angeregt wird, (b) dem dielektrischen Lichtwellenleiter (Glasfaser) und (c) dem Empfänger (Photodiode), der das Lichtsignal wieder in ein elektrisches Signal umsetzt. Sender und Empfänger sind hier

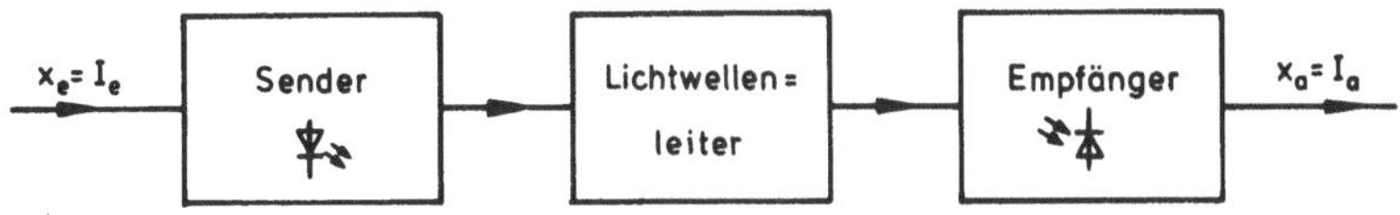

Fig. 5.17: Prinzip eines optischen Übertragungssystems.

elektrooptische und optoelektronische Wandler allein zum Zwecke
der Übertragung durch Lichtwellenleiter und stellen im Vergleich
zur rein elektrischen Übertragung beispielsweise durch ein Koaxialkabel zwei zusätzliche Übertragungselemente in der Kette einer
Meßeinrichtung dar. Die Frage ist daher berechtigt, ob optische
Übertragungssysteme dann überhaupt noch Vorteile bieten können.

Bei vielen meßtechnischen Anwendungen ist die für das optische
System charakteristische Potentialtrennung zwischen Sender und
Empfänger von entscheidender Bedeutung. Erdschleifen werden ver-
mieden, Sender oder Empfänger können jeweils ohne Probleme auf
Hochspannungspotential gelegt werden, und die Lichtleiterkabel
sind unempfindlich gegen elektromagnetische Störungen. Weitere
Vorteile, aber auch Nachteile werden schließlich bei der spezifi-
schen Betrachtung der Übertragungseigenschaften offenkundig.

5.5.2 Übertragungseigenschaften der Lichtwellenleiter

Optische Wellenleiter bestehen im Prinzip aus dielektrischen Fasern mit einer Brechzahl n_K, die größer ist als die Brechzahl n_M
eines die Fasern umgebenden Mantels. Trifft ein Lichtstrahl unter
einem Winkel γ, der größer ist als der Grenzwinkel γ_G der Totalre-
flexion

$$(5.79) \quad \gamma_G = \text{arc } \sin(n_M/n_K),$$

auf die Mantelfläche, wird er totalreflektiert und längs der Faser

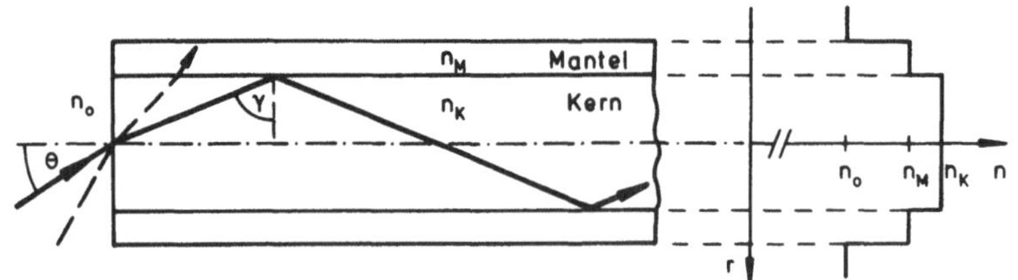

Fig. 5.18: Prinzip des Stufenprofil-Lichtwellenleiters

geführt, auch wenn diese gekrümmt ist (Fig. 5.18). Beim Einkoppeln in die Faser darf dazu der Einfallswinkel θ den sog. *Akzeptanzwinkel* θ_A nicht überschreiten. Das Brechungsgesetz liefert mit Gl. (5.79)

$$(5.80) \qquad n_o \sin\theta_A = n_K \cos\gamma_G = \sqrt{n_K^2 - n_M^2} = A_N \; .$$

A_N wird als *numerische Apertur* der Faser bezeichnet. Sie bestimmt den maximalen vom Lichtleiter aufgefangenen Lichtkegel und damit die Kopplungseffizienz zwischen Lichtsender und Lichtleiter.

Lichtstrahlen, die unter verschiedenen Einfallswinkeln (zwischen 0 und θ_A) in die Faser eintreten, pflanzen sich im Kern der Faser auch unter verschiedenen Winkeln zur Faserachse fort. Sie durchlaufen auf ihren zickzackförmigen Bahnen unterschiedliche Weglängen in der Faser, und die daraus resultierenden unterschiedlichen Laufzeiten bedingen eine Verbreiterung eines in die Faser eingekoppelten kurzen Lichtpulses.

Eine physikalisch verbesserte Betrachtungsweise muß natürlich den Wellencharakter des Lichts berücksichtigen, denn die in der Faser verlaufenden Lichtwellen interferieren miteinander. Dies hat zur Folge, daß sich das Licht nur unter ganz bestimmten Winkeln zur Achse der Faser ausbreiten kann. Diese zulässigen Wellenformen werden als <u>Moden</u> bezeichnet. Man erhält sie durch Lösung der elektromagnetischen Wellengleichungen

$$(5.81) \qquad \Delta\vec{E} = \frac{n^2}{c^2}\frac{\partial^2\vec{E}}{\partial t^2} \quad \text{und} \quad \Delta\vec{H} = \frac{n^2}{c^2}\frac{\partial^2\vec{H}}{\partial t^2}$$

für den Fall der durch die Glasfaser gegebenen Randbedingungen. n ist dabei die lokale Brechzahl. Die Gesamtzahl N der ausbreitungsfähigen Moden in einem Lichtwellenleiter mit Stufenprofil (Fig. 5.18) ist im allgemeinen sehr groß, da der Kerndurchmesser d groß gegen die Wellenlänge λ des Lichts ist. N ergibt sich angenähert zu [5.2]

$$(5.82) \qquad N = \frac{\pi^2}{2}\left(\frac{d}{\lambda}\right)^2 (n_K^2 - n_M^2) \; .$$

Wie die Laufzeitbetrachtung der Lichtstrahlen bereits aufzeigte, ist die Geschwindigkeit dieser Moden entlang der Faserachse verschieden, und man spricht daher von *Modendispersion*. Sie und die durch sie bedingte Verbreiterung der Lichtpulse wird in den sog. *Monomodefasern* vermieden: bei ihnen ist der Kerndurchmesser so klein gewählt, daß nur noch ein Modus ausbreitungsfähig ist,

$$(5.83) \quad d \leq 0,76 \; \frac{\lambda}{\sqrt{n_K^2 - n_M^2}}.$$

Allerdings wirkt sich der kleine Kerndurchmesser nachteilig bei der Einkopplung der Lichtleistung in die Faser aus und erschwert das Spleißen von Fasern.

Vernachlässigbar geringe Modendispersion bei größeren Kerndurchmessern haben die *Gradientenprofilfasern*. Wählt man für den Kern einen näherungsweise parabolischen Verlauf der Brechzahl über den Querschnitt (Fig. 5.19), werden die Laufzeiten aller Moden durch die Faser nahezu gleich, und die Wege der Lichtstrahlen zeigen wellen- statt zickzackähnliche Formen. Der Akzeptanzwinkel Θ_A hängt jetzt wegen des Brechzahlprofils vom Radius r ab und nimmt entsprechend Gl. (5.80) von einem Maximalwert auf der Faserachse auf den Wert Null an der Kern-Mantel-Grenze ab.

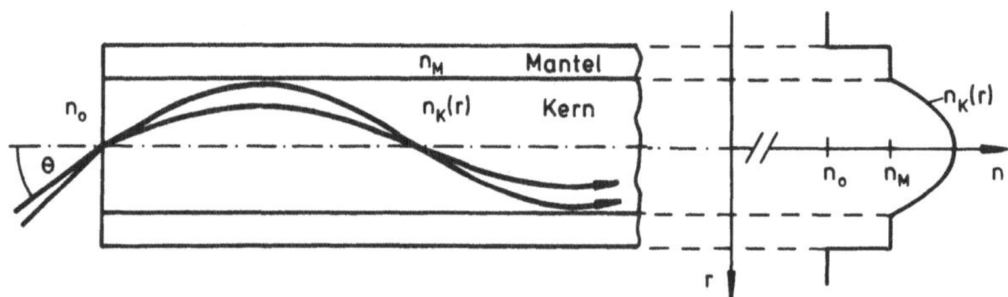

Fig. 5.19: Strahlengang und Brechzahl der Gradientenprofil-
Multimodefaser.

Die Verbreiterung der Pulse bewirkt hier wie auch bei den Monomo-

defasern die *Materialdispersion*. Sie beruht auf der Wellenlängen-
abhängigkeit der Brechzahl n_K des Fasermaterials und hängt damit
auch von der spektralen Breite der als Sender benutzten Lichtquelle ab: es entstehen Laufzeitunterschiede auch innerhalb eines einzigen Modus. Besonders günstig ist der Wellenlängenbereich um
1,3 µm, in dem die Materialdispersion von Quarzglas ein Minimum
hat und Lichtquellen mit größerer spektraler Emissionsbreite ohne
Probleme benutzt werden können. Die exakte Lage des Minimums hängt
von der Dotierung des Glases ab. In Gradientenprofilfasern bestimmt dann die verbleibende Modendispersion wieder die Laufzeit-
verbreiterung, während in Monomodefasern ein weiterer Dispersions-
effekt, die sonst vernachlässigbar kleine *Wellenleiterdispersion*,
von Bedeutung wird. Sie beruht auf der Tatsache, daß die Phasenausbreitungskonstante β entlang der Faserachse aufgrund der Wellenleiterstruktur frequenzabhängig wird. Schließlich lassen sich
Material- und Wellenleiterdispersion in Monomodefasern durch geeignete Wahl des Kerndurchmessers und der Brechzahldifferenz auch
noch kompensieren (sog. Nulldispersion) [5.4], so daß enorm große
Übertragungsbandbreiten möglich werden. Breiten der Stoßantwort
von unter 10 ps werden für Monomodefasern von 1 km Länge erreicht.

Alle drei beschriebenen Dispersionseffekte ergeben eine Verbreiterung der Stoßantwort, die proportional zur vom Licht durchlau-
fenen Faserlänge L ist. In realen Multimodefasern koppeln jedoch
die einzelnen Moden miteinander, was dazu führt, daß oberhalb
einer kritischen Faserlänge, der sog. *Kopplungslänge* L_C, die Verbreiterung nicht mehr proportional zu L, sondern nur noch proportional zu $\sqrt{L}$ ansteigt. Diese Modenkopplung bewirkt weiterhin, daß
unabhängig davon, in welche Moden am Faseranfang eingespeist
wurde, das Licht nach der Kopplungslänge in allen ausbreitungsfähigen Moden geführt wird, wobei sich eine für die jeweilige Faser
charakteristische stationäre Verteilung der Strahlungsleistung
über die Moden einstellt.

Die <u>Dämpfung</u> der in einer Faser geführten Strahlungsleistung P ist
ein weiterer sehr wichtiger Faserparameter. Da in Multimodefasern
jeder Modus eine andere Dämpfung hat, ist es sinnvoll, diese auch
nur für die oben erwähnte stationäre, aber ungleichmäßige Vertei-

lung des Lichts über die Moden zu bestimmen. Die Strahlungsleistung nimmt exponentiell mit der Faserlänge L ab:

$$(5.84) \quad P(L) = P(0)e^{-\alpha L}.$$

Es ist jedoch zweckmäßig, die Form

$$(5.85) \quad P(L) = P(0)\, 10^{-\alpha' L/10}$$

zu wählen, da es in der Praxis üblich ist, die Dämpfungskonstante
mit dem einheitenähnlichen Hinweis dB/m (Dezibel/Meter) zu versehen und entsprechend anzugeben:

$$(5.86) \quad \alpha' = \frac{10}{[L]}\, \lg \frac{P(0)}{P(L)}\, \frac{dB}{m}.$$

(Bei einer Faser mit der Dämpfung $\alpha' L = 3dB$ hat man am Faserende
noch 50% der eingekoppelten Strahlungsleistung.)

Drei verschiedene Mechanismen tragen zur Dämpfung bei [5.4]:
   a) Absorption
   b) Materialstreuung
   c) Strahlungsverluste.
Absorptionsverluste entstehen insbesondere durch elektronische
Anregung von Verunreinigungen und Anregung von Molekülschwingungen
etwa der OH^--Ionen, die bei der Faserherstellung zur Zeit noch
schwer vermeidbar sind. Die Streuverluste sind prinzipiell unvermeidbar und werden vor allem durch Rayleigh-Streuung an Dichteschwankungen des Fasermaterials in Bereichen klein gegen die Wellenlänge verursacht. Sie nehmen daher mit $1/\lambda^4$ ab und stellen die
unterste, in einem Glas erreichbare Verlustgrenze dar. Strahlungsverluste entstehen durch Unregelmäßigkeiten der Wellenleiterstruktur und an Krümmungen und Mikrokrümmungen.

Fig. 5.20 illustriert die Dämpfung einer schwach dotierten Quarzglasfaser in Abhängigkeit von der Lichtwellenlänge λ. Die gestrichelte Kurve deutet qualitativ den Verlauf der Verluste durch
Rayleigh-Streuung an. Es ist offenkundig, daß der Wellenlängenbereich um 1,37 µm wegen der starken OH^--Absorption für die optische

Übertragung nicht zu empfehlen ist. Um 1,3 µm hat dagegen bei
geringer Dämpfung auch die Materialdispersion ihr Minimum, so daß
dieser Bereich besonders günstig ist. Niedrigste Dämpfungswerte
werden bei 1,55 µm erreicht, $\alpha' \approx$ 0,2 dB/km konnte realisiert
werden. Die heute verfügbaren Sende- und Empfänger-Bauelemente
arbeiten allerdings noch überwiegend bei Wellenlängen zwischen
0,75 µm und 0,9 µm.

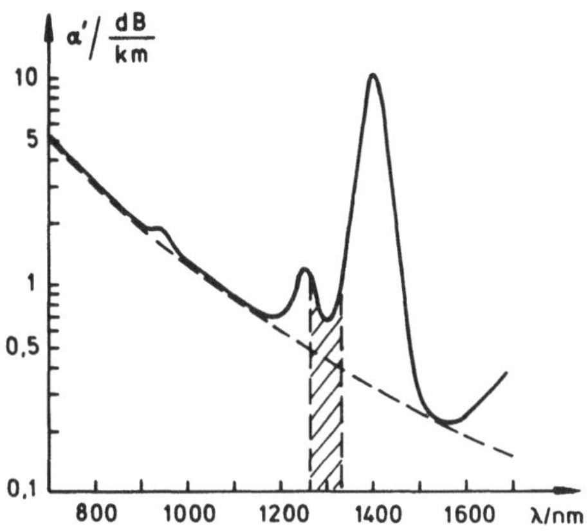

Fig. 5.20: Dämpfung einer schwach dotierten Quarzglasfaser als
Funktion der Wellenlänge. Im schraffierten Spektralbereich hat die Materialdispersion ein Minimum.

Die Übertragungseigenschaften eines gegebenen Lichtwellenleiters
können jetzt im Zeitbereich durch Bestimmung der Gewichtsfunktion
(Einheitsstoßantwort) oder im Frequenzbereich durch den komplexen
Frequenzgang charakterisiert werden. Im ersten Fall koppelt man
einen extrem kurzen Laserpuls (Dauer etwa kleiner als 0,1 ns) ein
und bestimmt aus der Antwortfunktion am Ende der Faser mit Gl.
(5.13) die Übertragungsfunktion H(s) und durch inverse Laplace-
Transformation daraus die Einheitsstoßantwort $g_a(t)$. Zu beachten
ist dabei wieder, daß die Moden möglichst entsprechend der stationären Leistungsverteilung angeregt werden.

Zur direkten Messung des komplexen Frequenzgangs H(ω), s. Abschn.

5.2.2.2, wird die Strahlungsleistung eines Senders sinusförmig mit einer Frequenz moduliert, die von der tiefsten bis zur höchsten interessierenden Signalfrequenz variiert wird. Die Übertragungsfunktionen aller Glasfasern zeigen dabei einen Verlauf, der angenähert einem Gaußschen Tiefpaß entspricht. Bei der Grenzfrequenz ω_g ist $H(\omega)$ auf die Hälfte abgesunken, $H(\omega_g) = \frac{1}{2}H(0)$, und man bezeichnet den Frequenzbereich 0 bis ω_g als die Bandbreite der Faser.

5.5.3 Sendeelemente und Detektoren

Zu den Übertragungseigenschaften der Glasfaser kommen die der Lichtsender und Empfänger, Koppelelemente und Spleiße bringen zusätzliche Dämpfungsverluste. Als optische Sender haben sich Lumineszenzdioden (LED = Light Emitting Diode) und Laserdioden (LD) durchgesetzt. Beide haben geringe Abmessungen und gewährleisten eine günstige Kopplung an den Lichtwellenleiter.

Die Lumineszenzdiode besteht im Prinzip aus einem geeigneten pn-Übergang. Wird sie in Durchlaßrichtung betrieben, gelangen Elektronen aus dem n-Bereich und Löcher aus dem p-Bereich in den Übergangsbereich, die aktive Zone, wo sie rekombinieren; die frei werdende Energie wird dabei jeweils als Photon emittiert. Ein sehr wichtiger Vorteil wird sogleich offenkundig: die Rekombinationsrate und damit die Zahl der entstehenden Lichtquanten ist proportional zu den in die aktive Zone gelangenden Trägerpaaren und so direkt proportional zum Diodenstrom. Die Lichtemission kann daher bequem über den Ansteuerstrom moduliert werden. Fig. 5.21 zeigt den prinzipiellen Verlauf der Lichtleistung-Strom-Kennlinie. Sie hängt allerdings von der Temperatur ab [5.4], die deswegen in analogen Übertragungssystemen stabilisiert werden muß.

Die Emissionswellenlänge ist durch den Abstand von Leitungs- und Valenzband festgelegt. Entsprechend der Breite der besetzten Zonen in diesen Bändern ist jedoch die Wellenlänge nicht scharf definiert. Die spektrale Halbwertsbreite ist typisch $\Delta\lambda$ = 40 - 60 nm für Lumineszenzdioden im Bereich λ = 800 - 900 nm. Als Halbleitermaterialien werden dabei vorzugsweise Galliumarsenid (GaAs) oder Galliumaluminiumarsenid (GaAlAs) verwendet. Für die Wellenlängenbereiche um 1,3 µm und 1,55 µm hat sich Galliumindiumarsenidphosphid (GaInAsP) durchgesetzt: die gewünschte Emissisonswellenlänge kann dabei durch Variation der Materialzusammensetzung eingestellt werden.

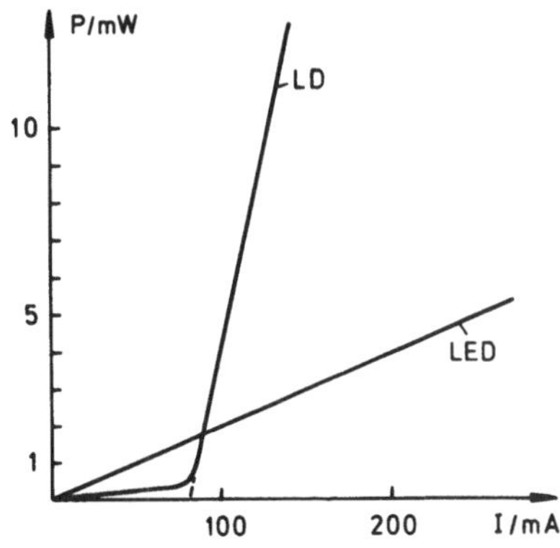

Fig. 5.21: P/I-Kennlinie einer Lumineszenz- und einer Laserdiode

Da die Rekombinationsprozesse spontan erfolgen, ist die Strahlung inkohärent; die räumliche Abstrahlcharakteristik entspricht nahezu der eines Lambert-Strahlers. Die Lebensdauer der Träger in der aktiven Zone (typisch 1 ns bis 10 ns) begrenzt die Anstiegszeit des Lichtes und damit die Modulationsbandbreite der LED auf üblicherweise 50 MHz bis 100 MHz, obwohl im Einzelfall 1 GHz realisiert werden konnte [5.4].

Größere Bandbreiten bis in den GHz-Bereich werden generell mit Laserdioden erzielt. Bei gleichen Halbleitermaterialien ist der wesentliche Unterschied zur LED, daß die zur aktiven Zone senkrecht stehenden Endflächen des Diodenkristalls als planparallele teildurchlässige Spiegel wirken und einen optischen Resonator (Fabry-Perot-Resonator) bilden. Die aktive Zone wird äußerst dünn ausgeführt, und so kommt analog zur Glasfaser noch ein Lichtwellenleiter-Effekt hinzu, so daß nur bestimmte Moden in diesem Resonator-System möglich sind; in ihnen baut sich eine hohe Energiedichte auf. Bei Besetzungsinversion überwiegt die *induzierte*

Emission die Absorption, und die Lichtquanten werden *phasenrichtig* in Resonatormoden emittiert: die aktive Zone wirkt als Lichtverstärker. Wird die Lichtverstärkung schließlich so groß, daß die Lichtverluste im Resonator kompensiert werden, setzt Laserbetrieb ein. Durch die teildurchlässigen Spiegel wird kohärente Strahlung mit einer definierten Abstrahlcharakteristik emittiert. Eine typische P/I Kennlinie zeigt Fig. 5.21. Unterhalb des Schwellenstroms I_s ist die Ausgangsleistung der Laserdiode noch niedrig und inkohärent, oberhalb steigt sie steil mit dem Strom an. Die Temperaturabhängigkeit ist wesentlich größer als bei der LED, da zur Änderung der Steilheit der Kennlinie eine viel größere Abhängigkeit des Schwellenstroms von der Temperatur kommt.

Im allgemeinen Fall besteht das Spektrum der Laserstrahlung aus einer Anzahl schmaler Emissionslinien entsprechend den verschiedenen Frequenzen der an der Verstärkung beteiligten Resonatormoden. Durch Einengung der räumlichen Emissionsbreite und Erniedrigung der effektiven Brechzahl beiderseits des laseraktiven Streifens zur Führung der Lichtwelle erreicht man, daß nur ein longitudinaler Modus angeregt wird. Bei einer spektralen Breite von unterhalb 0,01 nm ist die Auswirkung der Materialdispersion in den Glasfasern vernachlässigbar.

Als <u>Detektoren</u> am Ende des Lichtwellenleiters werden überwiegend Halbleiterphotodioden benutzt. Das optische Signal wird durch den inneren Photoeffekt wieder in ein elektrisches Signal umgewandelt. Einfache pn-Dioden, pin-Dioden und Lawinenphotodioden für Weitstreckensysteme haben sich bewährt. Sie werden in Abschn. 7.5.2 im einzelnen beschrieben. Der Frequenzgang wird nicht nur durch Diffusionsvorgänge und Ladungsträgerlaufzeiten in der Diode bestimmt, sondern auch durch den äußeren Lastkreis. Die oberen Grenzfrequenzen liegen bei einigen GHz, Dioden bis zu 7 GHz werden bereits kommerziell angeboten.

Zum Erfolg gibt es keinen Lift,
man muß die Treppe nehmen.
Emil Oesch.

6. Natürliche Grenzen der Messungen

6.1 Leistungsfähigkeit der Sinnesorgane

Die Entwicklung der Technik des Messens ermöglicht es, moderne
Meßverfahren und Meßeinrichtungen in den meisten Fällen so zu
konzipieren, daß sie weitgehend unabhängig von der Leistungsfähigkeit unserer Sinnesorgane sind. Selten wird daher das Ohr heute
zu subjektiven Messungen in der Akustik herangezogen, während das
Auge dagegen sehr wohl noch zum Ablesen von Analoginstrumenten
sowie auch bei einer ganzen Reihe von optischen Beobachtungen
benutzt wird [6.18].

Die Empfindlichkeit des Auges überrascht auch im Vergleich mit
anderen Detektoren (Abschn. 7). Sie wird am größten für das dunkeladaptierte Auge, wobei es mindestens 30 Minuten lang an die
Dunkelheit gewöhnt werden muß. Die kleinste Lichtenergie wird vom
Auge bei der Wellenlänge von 507 nm wahrgenommen. Sie beträgt ungefähr $2 \cdot 10^{-18}$J. Dies entspricht etwa 5 Lichtquanten, die allerdings innerhalb einer Millisekunde auf die gleiche Stelle der
Netzhaut treffen müssen. Eine äquivalente Photokathode müßte eine
Quantenausbeute von 20% haben, was nur von den allerbesten erreicht wird.

Die relative spektrale Empfindlichkeit des Auges und damit der bei
vorgegebener Strahlung auf die Netzhaut ausgeübte Lichtreiz sind
allerdings von Person zu Person verschieden und hängen auch von
der Bestrahlungsstärke ab. Man hat daher international einen
idealisierten Standard-Beobachter definiert und für ihn den spektralen Hellempfindlichkeitsgrad $V(\lambda)$ sowohl für das helladaptierte
als auch für das dunkeladaptierte Auge festgelegt [2.3].

Beide Funktionen sind im Maximum auf 1 normiert und in Fig. 6.1
dargestellt. Für Tagessehen (photopischer Bereich) liegt dieses
Maximum bei einer Wellenlänge von $\lambda = 555$ nm. Für das dunkeladaptierte Auge ist die Empfindlichkeitskurve zu kürzeren Wellenlängen
hin verschoben und leicht verändert.

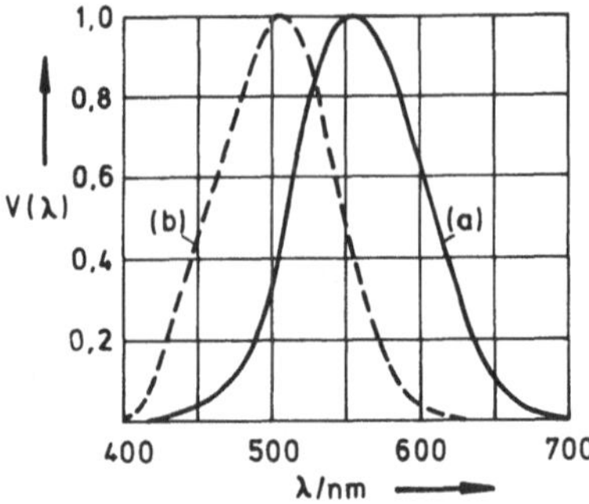

Fig. 6.1: Spektraler Hellempfindlichkeitsgrad $V(\lambda)$ des
menschlichen Auges (a) für das
helladaptierte Auge und (b) für
das dunkeladaptierte Auge.

Der kleinste Sehwinkel, unter dem bei visuellen Betrachtungen sehr
kleine Objekte unter guten Kontrast- und Beobachtungsbedingungen
noch getrennt gesehen werden können, wird durch die Struktur der
Netzhaut bestimmt und beträgt etwa $1' = 2{,}9 \times 10^{-4}$rad.

6.2   Das Heisenbergsche Unschärfeprinzip

Das von Heisenberg 1927 formulierte Unschärfeprinzip zeigt die
fundamentalen Grenzen auf, die der Genauigkeit gesetzt sind, mit
der die dynamischen Variablen mikrophysikalischer Systeme bestimmt
werden können. Eine einzelne Größe kann zwar auch hier mit im
Prinzip beliebiger Genauigkeit gemessen werden, nicht jedoch
gleichzeitig zwei Größen, deren quantenmechanische Operatoren
nicht kommutieren. Die Gründe sind grundlegender Art und werden in
entsprechenden Lehrbüchern (beispielsweise [6.4; 6.15]) ausführlich behandelt.

Eine Messung im mikrophysikalischen Bereich ist dadurch gekennzeichnet, daß auch bei vollkommen fehlerfreier Meßapparatur das
Ergebnis statistischer Natur ist. Wiederholungen unter exakt gleichen Bedingungen führen dann zu einer für das jeweilige Meßverfahren charakteristischen Wahrscheinlichkeitsverteilung der Meßwerte
(Abschn. 4.2.2). Allerdings bedingt der Meßprozess eine derartige
Störung des physikalischen Systems, daß eine *gleichzeitige* Messung
der kanonisch konjugierten Größe nur mit einer Genauigkeit möglich
ist, die durch die entsprechende Unschärferelation gegeben ist.

Ein Maß für die Streuung der einzelnen Meßwerte ist die Standardabweichung σ der betreffenden Verteilung (s. Gl.(4.9)); sie wird in diesem Zusammenhang als "Unschärfe Δ" bezeichnet. Die Unschärfe des Ortes ist damit

$$(6.1) \qquad \Delta x = \sigma_x,$$

und die Unschärferelation für Ort und zugehörige kanonische Impulskomponente p_x lautet so

$$(6.2) \qquad \Delta x \Delta p_x \geq \hbar/2.$$

Es ist offenkundig, daß wegen der Kleinheit der Planck-Konstanten $h = 2\pi\hbar$ bei makrophysikalischen Messungen Gl.(6.2) keinerlei Bedeutung hat; die durch sie bedingten Unschärfen liegen weit unterhalb jeder erreichbaren Genauigkeit.

Ganz analog lautet die Unschärferelation für die kanonisch konjugierten Größen Energie und Zeit:

$$(6.3) \qquad \Delta E\, \Delta t \geq \hbar/2.$$

Sie verknüpft die Unschärfe $\Delta E = \sigma_E$ der Energie eines atomaren Systems mit der Unschärfe $\Delta t = \sigma_t$ der Zeitintervalle t, über die die entsprechenden Messungen der Energie durchgeführt wurden.

Wird die Energie-Zeit-Unschärferelation auf spontan zerfallende quasistationäre Zustände angewandt, folgt aus der Exponentialverteilung der gemessenen Zeitintervalle eine Standardabweichung, die gleich dem Mittelwert $\bar{t}$ ist (s. Gl.(4.34)). Dieser wird als *mittlere Lebensdauer* τ des Zustandes bezeichnet:

$$(6.4) \qquad \tau = \bar{t} = \sigma_t = \Delta t.$$

Die Unschärfe der Energie des Zustandes ist damit

$$(6.5) \qquad \Delta E \geq \hbar/2\tau.$$

Für quasistationäre Zustände mit $\Delta E \ll E$ gilt angenähert das Gleichheitszeichen (Zustand maximaler Bestimmtheit), und führen wir noch die in der Praxis häufig benutzte Breite $\Gamma = 2\Delta E$ des Zustandes (Niveaubreite) ein, so liefert Gl.(6.5) zwischen dieser und der mittleren Lebensdauer die Relation

$$(6.6) \qquad \Gamma \, \tau = \hbar.$$

In dieser Form hat die Energie-Zeit-Unschärferelation eine große Bedeutung in der Atom- und Kernphysik. Erfolgt beispielsweise der Zerfall durch Aussendung von Quanten der Energie $\hbar\omega$, bedingt die Niveauunschärfe eine spektrale Intensitätsverteilung $p(\omega)$ der elektromagnetischen Wellen, und mit der Breite γ des "Linienprofils" geht Gl.(6.6) mit $\Gamma = 2\hbar\Delta\omega = \hbar\gamma$ über in

$$(6.7) \qquad \gamma \, \tau = 1.$$

Für das Linienprofil selbst erhält man die Lorentz-Verteilung (s. Abschn.4.2.2.4):

$$(6.8) \qquad p(\omega;\omega_o,\gamma) = \frac{1}{\pi} \, \frac{\gamma/2}{(\omega-\omega_o)^2 + (\gamma/2)^2} \, .$$

Wie man erkennt, stellt γ die volle Halbwertsbreite dar und wird als *natürliche Linienbreite* bezeichnet. Bei Übergängen zwischen zwei Zuständen mit den Energiebreiten Γ_1 und Γ_2 wird selbstverständlich die spektrale Halbwertsbreite

$$(6.9) \qquad \gamma = (\Gamma_1 + \Gamma_2)/\hbar.$$

Gl.(6.7) spiegelt im übrigen eine allgemeine Eigenschaft von Wellen wieder; sie verknüpft die endliche Dauer eines begrenzten Wellenzuges mit seiner spektralen Breite. Die Fourier-Transformation liefert für dispersionsfreie Wellen

$$(6.10) \qquad \gamma \, \tau = K.$$

K ist eine Konstante von der Größenordnung eins, und ihr exakter Wert hängt nur von der jeweiligen Form des Wellenzuges ab.

Wir wenden schließlich noch Gl.(6.3) auf monochromatische elektromagnetische Wellen an. Zur Charakterisierung einer Welle ist sowohl die Messung der Amplitude oder Intensität wie auch der Phase notwendig.

Die Unschärfe der Phasenmessung ergibt sich aus der Unschärfe der benutzten Zeitintervalle mit $\phi = \omega t$ zu

$$(6.11) \qquad \Delta\phi = \omega\Delta t.$$

Die Amplitudenmessung erfolgt durch Feststellen der Anzahl N der im jeweiligen Zeitintervall ankommenden Photonen.

Mit $E = N \hbar\omega$ wird die Energieunschärfe

$$(6.12) \qquad \Delta E = \hbar\omega \, \Delta N.$$

Photonenzahl und Phase einer Welle genügen so der Unschärferelation

$$(6.13) \qquad \Delta N \, \Delta\phi \gtrsim 1/2.$$

Sie setzt die absolute Grenze für die Meßgenauigkeit von Signalen insbesondere im optischen Bereich, wo im Vergleich zu Radiowellen bei gleicher Strahlungsleistung wegen der erheblich größeren Quantenenergie die Zahl der Photonen pro Meßintervall und damit auch die zugehörige Unschärfe ΔN nicht mehr groß gegen eins sind. Die Unschärfe der Phase wird entsprechend groß. Kohärente elektromagnetische Wellen stellen Zustände maximaler Bestimmtheit dar, und für sie gilt daher das Gleichheitszeichen in Gl.(6.13).

6.3   <u>Rauschen</u>

Auch im makrophysikalischen Bereich bestimmen letztlich stati-

stische Schwankungen von physikalischen Größen um ihren Mittelwert
die maximal erreichbare Genauigkeit einer Messung. Sind sie bei
konstanten äußeren Bedingungen nicht beeinflußbar, bezeichnet man
diese Schwankungen allgemein als Rauschen. Die Ursachen können in
drei Gruppen eingeteilt werden [3.1]:

- Thermisches Rauschen,
- Korpuskulare Natur der Materie und der Elektrizität,
- Unschärferelationen der Quantenmechanik.

Ausführliche Behandlungen findet man beispielsweise in [6.5],
[6.11], [6.15] und [6.24].

6.3.1   <u>Brownsche Bewegung eines Galvanometers</u>

Spiegelgalvanometer sind hochempfindliche Instrumente und ermöglichen bei Verwendung langer Lichtzeiger die Messung sehr kleiner
Ströme. Eine ständige Zitterbewegung des Lichtzeigers ist mit dem
Auge bequem erkennbar. Solange das Galvanometer nicht angeschlossen ist, handelt es sich um einen rein mechanischen Vorgang: die
Gasmoleküle der umgebenden Luft bombardieren auf Grund ihrer thermischen (Brownschen) Bewegung das bewegliche System und bewirken
die zufälligen Schwankungen. Im zeitlichen Mittel ist selbstverständlich das ausgeübte Drehmoment Null.

Ist das Galvanometer mit der es umgebenden Luft im thermischen
Gleichgewicht, gilt für das schwingungsfähige System mit einem
Freiheitsgrad der Gleichverteilungssatz der statistischen Mecha-
nik:

$$(6.14) \quad \text{Mittlere potentielle Energie} = \tfrac{1}{2} D \, \overline{\phi^2(t)} = \tfrac{1}{2} kT.$$

(k = Boltzmann-Konstante; D = Richtmoment des Galvanometers; ϕ =
Ausschlagwinkel gegenüber der Nullage $\overline{\phi}$ = 0).

Das mittlere Quadrat der Schwankungen des Ausschlagwinkels ist
somit

$$(6.15) \quad \overline{\phi^2(t)} = \frac{kT}{D}.$$

Ein elektrischer Gleichstrom kann nur dann mit Sicherheit nachgewiesen werden, wenn der durch ihn hervorgerufene Galvanometerausschlag größer ist als diese thermischen Schwankungen. Man definiert daher als kleinste überhaupt noch meßbare Stromstärke I_{min}
diejenige, die einen Ausschlag bewirkt, welcher der Wurzel aus dem
mittleren Schwankungsquadrat entspricht. Mit Hilfe der Galvanometerbeziehung

$$(6.16) \quad D\,\phi = G\,I$$

(G ist die dynamische Galvanometerkonstante) wird:

$$(6.17) \quad I_{min} = \frac{D}{G}\sqrt{\overline{\phi^2}} = \frac{\sqrt{kT\,D}}{G}\;.$$

Analoge Betrachtungen können für andere elektromechanische Systeme
angestellt werden. Beispiele hierfür sind die Membran eines Mikrophons oder der piezoelektrische Wandler [6.5].

6.3.2   Thermisches Widerstandsrauschen

Eine weitere Folge der ungeordneten Wärmebewegung atomarer Teilchen ist auch das thermische Rauschen in allen elektrischen Leitern. Die thermische Bewegung der Ladungsträger führt zu statistisch auftretenden Verschiebungen der Ladungsschwerpunkte im
Leiter, so daß zwischen den Enden des Leiters eine entsprechende
rasch fluktuierende Spannung, die Rauschspannung U_R, auftritt.

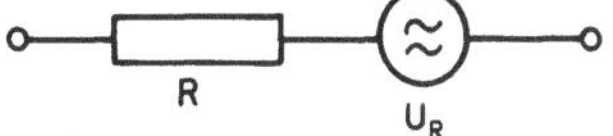

Fig. 6.2: Ersatzschaltbild eines Leiters beschrieben durch Widerstand R
und eingeprägte Rauschspannung U_R.

Im Ersatzschaltbild wird dies durch den rauschfrei gedachten Widerstand R in Serie mit der Rauschspannungsquelle U_R beschrieben.
Die effektive Rauschspannung $U_{R,eff}$ ist durch die sog. Nyquist-
Beziehung gegeben, die für das thermodynamische Gleichgewicht
direkt aus dem Gleichverteilungssatz der statistischen Mechanik

folgt [6.20].

Entsprechend der ursprünglichen Ableitung von Nyquist betrachten
wir eine sehr lange verlustlose Leitung der Länge L (s. Fig.6.3),
die an beiden Enden mit dem Wellenwiderstand Z_O abgeschlossen ist,
s. Abschn.5.4.3.2. Für die verlustlose Leitung ist Z_O = R reell.
Das ganze System möge sich mit seiner Umgebung bei der Temperatur

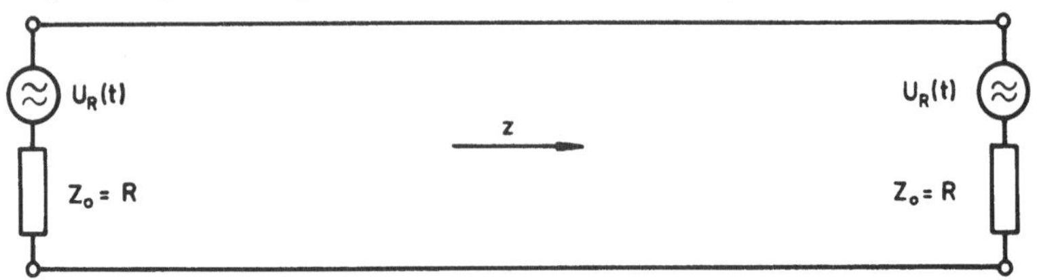

Fig. 6.3: Mit Wellenwiderständen Z_O abgeschlossene, verlustlose
Leitung.

T im thermodynamischen Gleichgewicht befinden. Wir denken uns fer-
ner die Rauschspannung in ihre Fourier-Komponenten zerlegt. Jede
von der Quelle ausgehende Welle, z.B. $U(z,t) = U_{eo}(\omega)e^{i(\omega t - \beta z)}$ für
die nach rechts laufende Welle (Gl.(5.49)), breitet sich mit der
Geschwindigkeit $v = \omega/\beta$ entlang der Leitung aus und wird am anderen Ende vollständig absorbiert: jedes Ende der Leitung wirkt
somit für die ankommenden elektromagnetischen Wellen wie ein
schwarzer Körper. Auf Grund des 2. Hauptsatzes der Thermodynamik
müssen daher auch die von beiden Quellen in einem Frequenzinter-
vall $\Delta\nu$ ausgesandten mittleren thermischen Rauschleistungen $P_\nu\Delta\nu$
gleich sein und können auch nur universell von der Temperatur
abhängen. Die gesamte, im Intervall $\Delta\nu$ auf der Leitung sich be-
findende Energie ist somit

(6.18) $E_\nu\Delta\nu = 2 P_\nu\Delta\nu\, L/v.$

Werden jetzt beide Enden kurzgeschlossen, muß für diesen verlustlosen Fall die Energie auf der Leitung erhalten bleiben, und zwar
in den Eigenschwingungen der Leitung im Frequenzintervall $\Delta\nu$. Aus
der Bedingung für stehende Wellen ergeben sich die Frequenzen ν:

(6.19) $n \dfrac{\lambda}{2} = n \dfrac{v}{2\nu} = L$ mit $n = 1,2,3 \ldots$

Die Anzahl der Schwingungsformen im Intervall ν bis $\nu + \Delta\nu$ wird damit:

(6.20) $\Delta n = \dfrac{2L}{v} \Delta\nu.$

Andererseits ist im thermodynamischen Gleichgewicht die mittlere Zahl $\bar{N}$ der Photonen in einem Zustand durch die Bose-Einstein-Verteilung gegeben,

(6.21) $\bar{N} = \dfrac{1}{e^{h\nu/kT}-1}$,

so daß für die Energie im Intervall $\Delta\nu$ auf der Leitung gilt:

(6.22) $E_\nu \Delta\nu = \bar{N}\, h\nu\, \Delta n = \dfrac{\Delta n\, h\nu}{e^{h\nu/kT}-1}.$

Mit den Gln.(6.18) und (6.20) erhalten wir daraus die von einem Widerstand abgegebene Rauschleistung

(6.23) $P_\nu \Delta\nu = \dfrac{h\nu}{e^{h\nu/kT}-1} \Delta\nu.$

Sie ist *unabhängig* vom Widerstandswert R selbst. Fig. 6.4 illustriert die normierte spektrale Rauschleistungsdichte P_ν/kT als Funktion von $h\nu/kT$. Für $h\nu \ll kT$ wird die Rauschleistung sogar un-

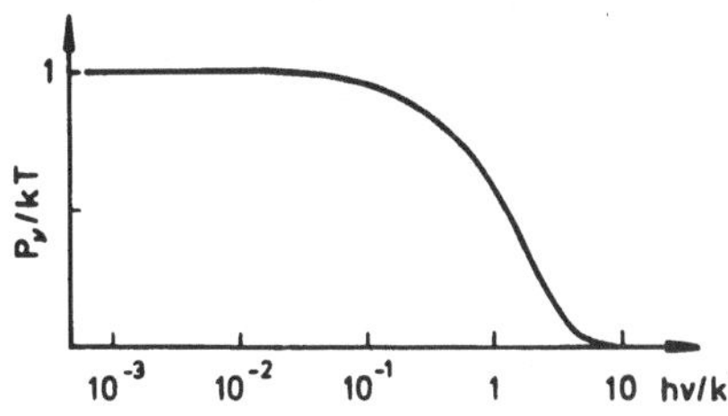

Fig. 6.4: Normierte spektrale Rauschleistungdichte P_ν/kT.

abhängig von der Frequenz, und man spricht von einem *weißen Rauschen*. Abweichungen davon sind vernachlässigbar für Frequenzen unterhalb $h\nu_{max} \approx kT/10$; dies entspricht bei Zimmertemperatur

einer Frequenz von $\nu_{max} \simeq 600$ GHz. In praktisch allen elektronischen Anwendungen wird diese Grenze, die wellenlängenmäßig im
Submillimeterbereich liegt, nicht erreicht, wohl dagegen beispielsweise bei Verstärkern, die nach dem Maser-Prinzip arbeiten.

Die effektive Rauschspannung des Widerstands R ist über den zeitlichen Mittelwert des Spannungsquadrats definiert, $U_{R,eff}^2 = \overline{U_R^2(t)}$.
Sie bewirkt einen effektiven Strom $I_{R,eff} = U_{R,eff}/2R$ im Stromkreis der Fig. 6.3. Die an den Widerstand am anderen Ende der
Leitung abgegebene Leistung ist somit

$$(6.24) \quad I_{R,eff}^2 \, R = U_{R,eff}^2/4R = P_\nu \Delta\nu,$$

und man erhält:

$$(6.25) \quad U_{R,eff}^2 = 4\,kT\,R\,\Delta\nu\,\frac{h\nu/kT}{e^{h\nu/kT}-1} \qquad\qquad \text{bzw.}$$

$$(6.26) \quad U_{R,eff}^2 = 4\,kT\,R\,\Delta\nu \qquad \text{für } h\nu \ll kT.$$

Diese Gleichung wird allgemein als <u>Nyquist-Beziehung</u> bezeichnet.
Das Leistungsspektrum des Rauschens (spektrale Dichtefunktion)
wird damit

$$(6.27) \quad W_U(\nu) = U_{R,eff}^2/\Delta\nu = 4\,kT\,R.$$

<u>Zahlenbeispiel</u>: Der Eingangswiderstand eines Oszillographen sei
R = 1 MΩ. Bei einer Bandbreite von $\Delta\nu = 100$ MHz ist die an ihm
auftretende effektive Rauschspannung bei Zimmertemperatur
$U_{R,eff} = 1,3$ mV.

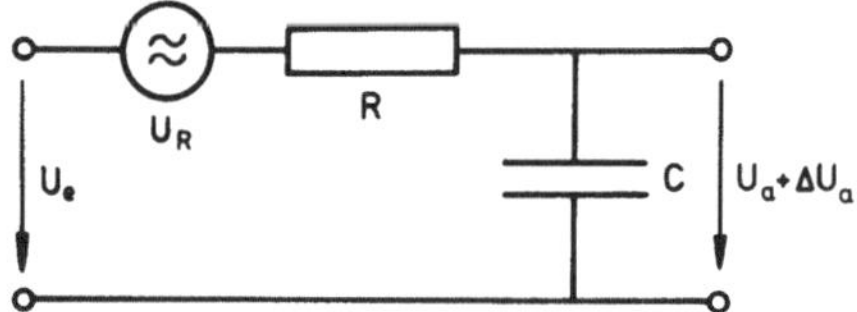

Fig. 6.5: Ersatzschaltbild
des RC-Tiefpasses.

Das thermische Rauschen beeinflußt natürlich die Übertragungsseigenschaften aller Glieder einer Meßeinrichtung (Abschn.5), und als Beispiel wollen wir das Rauschen am Ausgang eines RC-Tiefpasses betrachten.

Für die Schwankungen ΔU_a am Ausgang liefert die Übertragungsglei-chung

$$(6.28) \quad U_a + \Delta U_a = H(\omega)\,(U_e + U_R)$$

mit dem komplexen Frequenzgang nach Gl. (5.20):

$$(6.29) \quad \Delta U_a = H(\omega)\,U_R = \frac{U_R}{1 + i\omega RC} = \frac{U_R}{1 + i\omega/\omega_g}\ ,$$

wobei $\omega_g = 1/RC$ die obere Grenzfrequenz ist.

Der zeitliche Mittelwert des Schwankungsquadrats ist damit

$$(6.30) \quad \overline{\Delta U_a^2} = \frac{1}{1 + \omega^2/\omega_g^2}\ \overline{U_R^2}\ ,$$

bzw. mit der Nyquist-Beziehung (Gl.(6.26)):

$$(6.31) \quad \overline{\Delta U_a^2} = \frac{2\ kT\ R\ \Delta\omega}{\pi\,(1 + \omega^2/\omega_g^2)} = \frac{4\ kT\ R\ \Delta\nu}{1 + \nu^2/\nu_g^2}\ .$$

Durch Integration über den gesamten Frequenzbereich wird das tota-le mittlere Spannungsquadrat des Rauschens am Kondensator:

$$(6.32) \quad \overline{\Delta U_{a,tot}^2} = \frac{kT}{C}.$$

Es hängt nicht von R ab; die mittlere im Kondensator gespeicherte elektrische Energie ist gleich $kT/2$, wie es der Gleichvertei-lungssatz der statistischen Mechanik fordert.

6.3.3   Der Schrot-Effekt

Eine weitere Komponente des Rauschens hängt ebenfalls mit der diskreten Natur der Ladungsträger zusammen. Bei konstantem Strom ist zwar die mittlere Anzahl der transportierten Ladungsträger pro

Zeitintervall konstant, die tatsächliche Zahl schwankt dagegen
statistisch und führt zu entsprechenden momentanen Stromschwankungen. In Analogie zum Auftreffen von Schrot-Körnern auf eine Me-
tallplatte wird dieses Phänomen als <u>Schrot-Effekt</u> bezeichnet, das
Rauschen des Stromes als <u>Schrotrauschen</u>.

In seiner einfachsten Form findet man den Effekt in einer Vakuumdiode mit ebenen Elektroden (Fig.6.6). Für die Beschreibung des

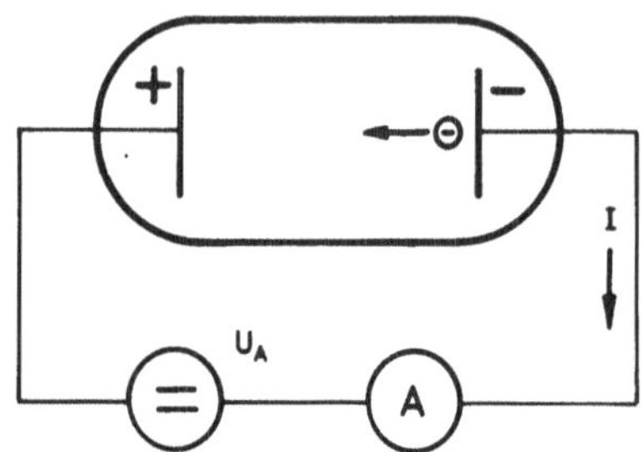

Fig. 6.6: Vakuumdiode mit
ebenen Elektroden

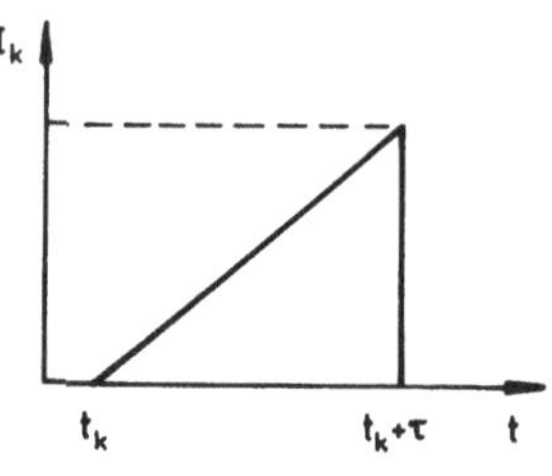

Fig. 6.7: Strompuls eines
einzelnen Elektrons

Stromes nehmen wir an, daß die Elektronen mit vernachlässigbarer
Geschwindigkeit aus der Glühkathode austreten, und daß das elektrische Feld zwischen Anode und Kathode konstant ist, dh., daß
keine Raumladungen das Feld und damit die Bewegung der Elektronen
beeinflussen. Die Geschwindigkeit der Elektronen nimmt dann linear
mit der Zeit zu, und der Strom I_k, den die Bewegung eines einzelnen Elektrons durch Influenz im äußeren Kreis bewirkt [6.5], zeigt
das gleiche Zeitverhalten (Fig.6.7):

$$(6.33) \quad I_k(t) = e\, f(t-t_k) = \begin{cases} \dfrac{2e}{\tau^2}\,(t-t_k) & \text{für} \quad t_k \le t \le t_k + \tau \\ 0 & \text{für} \quad t < t_k \ \text{und}\ t > t_k + \tau \end{cases}$$

$$(6.34) \quad \int_{t_k}^{t_k+\tau} I_k\,dt = e \quad \text{bzw.} \quad \int_{t_k}^{t_k+\tau} f(t-t_k)\,dt = 1.$$

Die Dauer τ des Strompulses entspricht der Laufzeit des Elektrons
von der Kathode zur Anode. Die Pulsform ist für alle Elektronen
gleich, so daß der Gesamtstrom zum Zeitpunkt t gegeben ist durch

$$(6.35) \quad I(t) = \sum_k I_k = e \sum_k f(t-t_k).$$

Die Elektronen werden statistisch, voneinander unabhängig aus der Glühkathode emittiert, die Verteilung der Emissionszeitpunkte t_k und damit auch der Impulse $f(t-t_k)$ ist dann durch die Poisson-Verteilung (Abschn.4.2.2.3) gegeben. Wir zerlegen den Strom $I(t)$ in einen Gleichstrom I_0 und einen Rauschstrom $I_S(t)$,

$$(6.36) \quad I(t) = I_0 + I_S(t),$$

so daß für den zeitlichen Mittelwert gilt

$$(6.37) \quad \overline{I(t)} = I_0 \quad \text{und} \quad \overline{I_S(t)} = 0.$$

Die zeitlichen Mittelwerte der Quadrate werden dann

$$(6.38) \quad \overline{I^2(t)} = I_0^2 + \overline{I_S^2(t)}.$$

Das <u>Campbellsche Theorem</u> [6.5; 6.11; 6.12; 6.24] ermöglicht es, diese Mittelwerte über eine statistisch unabhängige Impulsfolge durch entsprechende Mittelwerte für den Einzelimpuls auszudrücken. Ist $\bar{z}$ die mittlere *Impulsrate* (= Anzahl von Impulsen je Sekunde), gilt:

$$(6.39) \quad I_0 = \overline{I(t)} = \bar{z} \int_{t_k}^{t_k+\tau} e\, f(t-t_k)dt = \bar{z}e,$$

$$(6.40) \quad \overline{I_S^2(t)} = \bar{z} \int_{t_k}^{t_k+\tau} e^2 f^2(t-t_k)dt.$$

Für die Diode ergibt sich mit Gl.(6.33)

$$(6.41) \quad \overline{I_S^2(t)} = \frac{4}{3}\frac{\bar{z}e^2}{\tau} = \frac{4}{3}\frac{e}{\tau}I_0.$$

Je kleiner die Pulsdauer, umso größer ist das mittlere Schwankungsquadrat. Für die Praxis ist diese Beziehung allerdings kaum nutzbar, da sie voraussetzt, daß die Messung im Prinzip mit beliebig guter Zeitauflösung möglich ist, bzw. über das ganze Spektrum des Rauschstroms erfolgen kann. Wir drücken den Strom durch sein

Amplitudenspektrum aus. Für den Einzelpuls lautet die Fourier-Transformation:

$$(6.42) \quad F(\omega) = \int_{-\infty}^{\infty} f(t-t_k)e^{-i\omega t}dt, \quad \text{und damit}$$

$$(6.43) \quad I_k(t) = e\, f(t-t_k) = \frac{e}{2\pi}\int_{-\infty}^{\infty} F(\omega)e^{i\omega t}d\omega.$$

Das <u>Parseval Theorem</u> [6.5]

$$(6.44) \quad \int_{-\infty}^{\infty} f^2(t-t_k)dt = \frac{1}{2\pi}\int_{-\infty}^{\infty}|F(\omega)|^2 d\omega = \int_{-\infty}^{\infty}|F(\nu)|^2 d\nu$$

ermöglicht es, das mittlere Schwankungsquadrat durch das Integral über das Quadrat des Amplitudenspektrums auszudrücken:

$$(6.45) \quad \overline{I_S^2(t)} = \bar{z}\, e^2\int_{-\infty}^{\infty}|F(\nu)|^2 d\nu = 2eI_0\int_{0}^{\infty}|F(\nu)|^2 d\nu.$$

Aus dieser Gleichung kann man direkt den effektiven Rauschstrom $I_{S,eff}$ für einen Frequenzbereich ν bis $\nu + \Delta\nu$ ablesen:

$$(6.46) \quad \overline{I_S^2(t)} = I_{S,eff}^2 = 2eI_0|F(\nu)|^2\Delta\nu.$$

Die Frequenzabhängigkeit wird allein durch die Form des einzelnen Strompulses $f(t-t_k)$ bestimmt. Für niedrige Frequenzen $\omega \ll \tau^{-1}$, bzw. $\nu \ll (2\pi\tau)^{-1}$, geht allerdings Gl.(6.42) über in

$$(6.47) \quad F(\nu) = \int_{-\infty}^{\infty} f(t-t_k)e^{-i2\pi\nu t}dt \simeq \int_{t_k}^{t_k+\tau} f(t-t_k)dt = 1,$$

und man erhält die bekannte <u>Schottky-Beziehung</u>

$$(6.48) \quad I_{S,eff}^2 = 2eI_0\Delta\nu \qquad \text{für} \quad \nu \ll 1/2\pi\tau.$$

Der effektive Rauschstrom ist in diesem Bereich unabhängig von der Frequenz (*weißes Rauschen*); er ist eine Funktion des Stroms, der Bandbreite und der Größe der Ladung, die von den jeweiligen Trägern transportiert wird. Im Gegensatz zum Widerstandsrauschen, das von der Temperatur abhängt, kann I_S nicht durch Änderung äußerer

Bedingungen beeinflußt werden. Das Leistungsspektrum ist somit

$$(6.49) \quad W_I(\nu) = I_{S,eff}^2/\Delta\nu = 2eI_o.$$

<u>Zahlenbeispiel</u>: I_o = 1 mA; $\Delta\nu$ = 1 kHz; $I_{S,eff}$ = 0,6 nA.

Wird die Vakuumdiode nicht im Sättigungsbereich betrieben, reduziert die Raumladung vor der Kathode das Schrotrauschen merklich.

6.3.4   Weitere Schwankungserscheinungen

Eine ganze Reihe weiterer Effekte verursacht ebenfalls statistische Schwankungen, und einige sollen noch kurz angeführt werden.

<u>Funkel-Effekt</u>. Er wurde zunächst in Elektronenröhren mit Oxidkathoden beobachtet und beschreibt die Tatsache, daß die lokale Austrittsarbeit der Elektronen aus der Kathode schwankt und so zu entsprechenden Schwankungen des Stroms führt. Als Ursache kommen verschiedene physikalische Mechanismen in Frage, die alle jedoch relativ langsame Änderungen bedingen, und so besonders im niederfrequenten Bereich zum Rauschen beitragen. In der Tat findet man für dieses *Funkel-Rauschen* ein Leistungsspektrum, das mit $1/\nu$ abnimmt. Die Schwankungen steigen dazu etwa linear mit dem Strom an, so daß sich für den effektiven Rauschstrom $I_{F,eff}$ ergibt:

$$(6.50) \quad I_{F,eff}^2 \approx \text{const} \frac{I_o^2}{\nu}\Delta\nu.$$

Auch beim Stromtransport in Halbleitern beobachtet man bei tiefen Frequenzen sehr häufig eine entsprechende Abhängigkeit; es hat sich daher eingebürgert, in all diesen Fällen von *1/f-Rauschen* oder *Funkel-Rauschen* zu sprechen. (In der technischen Literatur wird die Frequenz mit $f = \nu$ bezeichnet).

<u>Generations-Rekombinations-Rauschen</u>. Eine halbleiterspezifische Variante des Schrot-Rauschens ist das *Generations-Rekombinations-Rauschen*, oft auch als *Stromrauschen* bezeichnet. Der wesentliche Unterschied zur Vakuumdiode besteht darin, daß die mittlere Le-

bensdauer der Ladungsträger (Elektronen und Löcher) in Halbleitern im allgemeinen klein gegenüber der Zeit ist, die ein Träger zum Durchlaufen der ganzen Probe benötigen würde. Maßgebende Größen für das Rauschen sind daher die Generations- und Rekombinationsraten der Ladungsträger. Die für verschiedene Prozesse sich ergebenden Rauschspektren zeigen ein gleiches charakteristisches Verhalten [6.5; 6.16]:

$$(6.51) \quad I^2_{GR,eff} = \text{const.} \ \frac{I^2_o}{1 + \nu^2/\nu^2_g} \ \Delta\nu$$

Für den Frequenzbereich unterhalb der Grenzfrequenz ν_g ist das Rauschen frequenzunabhängig (weiß), oberhalb fällt es mit $1/\nu^2$ ab. Die Grenzfrequenz selbst ist dabei durch die mittlere Lebensdauer τ der Ladungsträger gegeben ($\nu_g = 1/2\pi\tau$). Ein Rauschspektrum dieser Form erhält man auch, wenn weißes Rauschen durch ein RC-Glied im Frequenzbereich beschnitten wird (Gl.(6.30)).

6.3.5   Quantenrauschen

Ganz analog zum Schrotrauschen des elektrischen Stroms führt die Quantisierung des elektromagnetischen Strahlungsfeldes zu Schwankungen des "Photonenstroms". Mit einem "idealen" Detektor der Quantenausbeute $\eta = 1$ (beispielsweise einer Photozelle, auf deren Kathode gerade jedes Photon ein Elektron auslöst, s. Abschn.7.4.1), kann die Verteilung der auftreffenden Photonen im Prinzip in eine ganz entsprechende Verteilung von Strompulsen umgewandelt und so experimentell registriert werden.

Betrachten wir zunächst eine unendlich lange monochromatische Welle, d.h. einen sog. *kohärenten Zustand* des Strahlungsfeldes. Klassisch sind Amplitude und Phase zeitlich konstant, es treten keine Schwankungen auf. Bei Messungen über gleiche Zeitintervalle Δt wird man zwar bei einer einfallenden Strahlungsleistung P_o jeweils eine mittlere Photonenzahl

$$(6.52) \quad \bar{N} = \frac{P_o \Delta t}{h\nu}$$

erwarten, die tatsächlich beobachtete Anzahl schwankt allerdings entsprechend der Verteilung der Photonen, die in diesem Fall einer *Poisson-Verteilung* entspricht (s. Abschn.4.2.2.3): die Photonen verhalten sich hier wie klassisch unabhängige Teilchen [6.3]. Die Standardabweichung der Photonenzahl ist (Gl.(4.27)):

$$(6.53) \qquad \sigma_N = \sqrt{N} = \sqrt{\frac{P_o \Delta t}{h\nu}} \; .$$

Der Strom der sog. Photoelektronen im idealen Detektor weist die gleiche Poisson-Verteilung auf, und seine mittlere Schwankung kann daher durch die Schottky-Beziehung des Schrotrauschens beschrieben werden. Zum mittleren Photostrom

$$(6.54) \qquad I_o = e \, \frac{\bar{N}}{\Delta t} = \frac{e P_o}{h\nu}$$

erhalten wir so das Quadrat des effektiven Rauschstroms (Gl.(6.46) bzw. Gl.(6.48)) zu

$$(6.55) \qquad I_{P,eff}^2 = 2e I_o \Delta\nu = \frac{2e^2 P_o}{h\nu} \Delta\nu$$

Es ist üblich, als <u>Signal-Rausch-Verhältnis S/N</u> das Verhältnis der entsprechenden Leistungen zu definieren:

$$(6.56) \qquad \frac{S}{N} = \frac{I_o^2}{I_{P,eff}^2} \; .$$

Für den Photostrom geht diese Beziehung über in

$$(6.57) \qquad \frac{S}{N} = \frac{P_o}{2h\nu\Delta\nu} \; .$$

Denkt man sich den idealen Detektor formal rauschfrei, so kann man den Photostrom so beschreiben, als würde unabhängig von der einfallenden konstanten Strahlungsleistung P_o eine äquivalente Rauschleistung $P_{R,eff}$ auf den Detektor treffen [6.12; 6.17]:

$$(6.58) \qquad P_{R,eff} = 2 \, h\nu\Delta\nu .$$

(Neben diesem <u>direkten</u> Empfangsverfahren ermöglicht der Heterodynempfang das Rauschen um den Faktor zwei zu verkleinern, der

Homodynempfang sogar um den Faktor vier [6.9]!)

Im Gegensatz zum thermischen Rauschen, das bei hohen Frequenzen abnimmt, steigt das Quantenrauschen linear mit der Frequenz an und überwiegt im Bereich $(h\nu/kT) > 1$, dh. bei Zimmertemperatur im infraroten und optischen Spektralbereich. Zur Charakterisierung des Rauschens führt man eine äquivalente Rauschtemperatur T_R als diejenige Temperatur ein, die ein Widerstand haben müßte, damit seine thermische Rauschleistung gleich dem Quantenrauschen ist. Durch Gleichsetzen der Gln. (6.23) und (6.58) erhält man für T_R bei Direktempfang:

$$(6.59) \quad T_R = \frac{h\nu}{k \, \ln \, (3/2)} \; .$$

Beispiel: Im optischen Bereich entspricht dem Quantenrauschen bei λ = 500 nm eine Rauschtemperatur von $T_R \simeq$ 70 000 K.

Als kleinste nachweisbare Strahlung ist es sinnvoll, diejenige festzulegen, bei der gerade S/N = 1 ist, d.h. beim Direktempfang mit dem idealen Detektor ist auch

$$(6.60) \quad P_{o,min} = P_{R,eff} = 2h\nu\Delta\nu.$$

Diese Leistung liegt nur um einen Faktor 2 über einer durch die Unschärferelation gegebenen Grenze [6.9; 6.12; 6.17]. Gl.(6.60) besagt im übrigen, daß in der Meßzeit $\Delta t \approx 1/2\Delta\nu$ im Mittel gerade ein Photon gemessen werden muß.

Kohärente Strahlung wird im Radio- und Mikrowellenbereich mit entsprechenden Sendern erzeugt, bei den Mikrowellen kommen bereits Maser hinzu. Im infraroten und optischen Spektralbereich stehen Laser zur Verfügung.

Konventionelle Strahlungsquellen emittieren dagegen sog. *thermisches Licht* [6.3], die Strahlung ist inkohärent, und für die Photonen in jedem Modus gilt die *Bose-Einstein-Verteilung* (s.Abschn.4.2.2.4). Die Schwankungen sind erheblich größer,

(6.61) $\quad \sigma_N^2 = \bar{N}^2 + \bar{N},$

und entsprechend wird im Detektor ein größerer Rauschstrom festgestellt [6.9].

Verteilen sich allerdings die gemessenen Photonen auf z unabhängige Moden, gleichen sich die starken Schwankungen der Bose-Einstein-Verteilung aus, und die Standardabweichung der neuen Verteilung ergibt sich zu

(6.62) $\quad \sigma^2 = \dfrac{\bar{N}_z^2}{z} + \bar{N}_z.$

Im Grenzfall sehr vieler Moden erhält man somit wieder die Poisson-Verteilung [6.3; 6.12].

6.4 Phasenempfindliche Detektoren und Verstärker

Ist die zu untersuchende physikalische Größe so klein, daß das von
ihr in einem Aufnehmer, Wandler oder Verstärker erzeugte Signal
vom Rauschen völlig überdeckt wird, welches diese Glieder einer
Meßeinrichtung selbst erzeugen, ist eine direkte Messung ohne
weitere Maßnahmen nicht möglich. Ein RC-Glied ist dazu ein sehr
einfaches und bequemes Mittel. Es begrenzt die Bandbreite und reduziert das Rauschen so weit, wie es die spezielle Problemstellung
gerade zuläßt.

Äußerst wirkungsvoll ist ein Verfahren, das erstmals von Dicke
[6.7] bei der Untersuchung extrem schwacher Strahlung im Mikrowellenbereich in die physikalische Meßtechnik eingeführt wurde.
Das Prinzip beruht auf einer Modulation der physikalischen Größe,
der multiplikativen Mischung des aus ihr abgeleiteten Signals mit
einem Referenzsignal gleicher Frequenz und der anschließenden
phasenempfindlichen Gleichrichtung. Entsprechende Geräte bezeichnet man als *phasenempfindliche Gleichrichter, Detektoren oder
Verstärker*, kommerziell sind sie meist als *Lock-in Verstärker* bekannt.

Heute werden Verfahren dieser Art routinemäßig in vielen Gebieten
der Physik und auch Chemie eingesetzt. Als Beispiele seien nur
einige angeführt: kernmagnetische (NMR) und Elektronenspin-Reso-
nanzspektroskopie (ESR) [6.1; 6.10; 6.23], Fluoreszenz- [6.25],
Laser- [6.13], Modulations- [6.6] und Röntgen-Spektroskopie [6.2],
Radioastronomie [6.22].

Wir betrachten eine zu messende physikalische Eingangsgröße x_e,
die am Ausgang des Aufnehmers, Wandlers oder Verstärkers die
Signalspannung U_O abgibt. Bei direkter Messung wäre das Signal-
Rausch-Verhältnis

$$(6.63) \qquad \left(\frac{S}{N}\right)_O = \frac{U_O^2}{U_{R,eff}^2} = \frac{U_O^2}{4\ kT\ R_{äq}\Delta\nu} ,$$

wenn das gesamte Rauschen durch einen äquivalenten Rauschwider-
stand $R_{äq}$ charakterisiert wird. Durch Modulation der Eingangsgröße
(z.B. Zerhacken elektromagnetischer Strahlung mit einer rotierenden geschlitzten Scheibe) kann man aus ihr aber auch ein periodi-
sches Signal erzeugen. Für den Idealfall einer sinusförmigen Modulation mit einer einzigen Frequenz hat man

$$(6.64) \qquad U_X = (U_O/2)\ \sin \omega t,$$

im Fall eines allgemeinen periodischen Signals lassen sich die
folgenden Überlegungen auf jede Fourier-Komponente des Signals
anwenden.

Der zentrale Teil des einfachsten phasenempfindlichen Gleichrichters ist ein linearer multiplikativer Mischer mit nachfolgendem
Tiefpaß (Fig. 6.8). Im Mischer werden Signal und Rauschen mit
einer sinusförmigen Vergleichsspannung $U_V = U_{OV}\sin(\omega_V t + \phi_V)$ multipliziert [6.14; 6.19; 6.21].

Die Ausgangsspannung U_a ist dann:

$$(6.65) \qquad U_a \sim \left[(U_O/2)\sin\omega t + U_R(t)\right] U_{OV}\sin(\omega_V t + \phi_V).$$

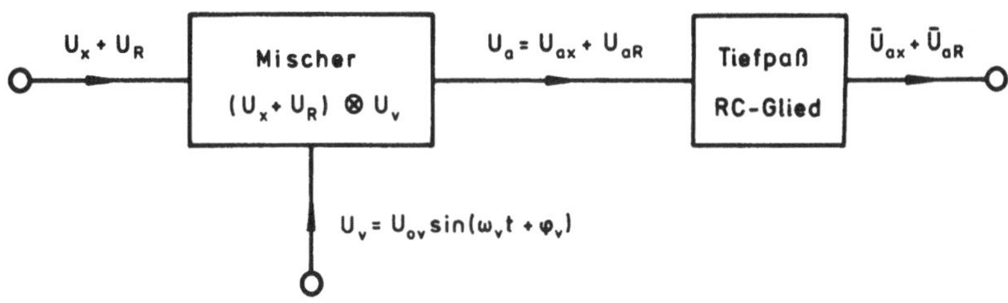

Fig. 6.8: Prinzip des phasenempfindlichen Gleichrichters.

Synchronisiert man die Frequenz ω_v der Vergleichsspannung mit der Signalfrequenz ($\omega_v = \omega$), wird die dem Eingangssignal U_x entsprechende Ausgangsspannung

$$(6.66) \quad U_{ax} \sim (U_o/2)U_{ov}\sin\omega t \sin(\omega t + \phi_v)$$

$$= (U_o U_{ov}/4)\left[\cos\phi_v - \cos(2\omega t + \phi_v)\right].$$

Das dem Mischer nachgeschaltete Tiefpaßfilter (etwa ein RC-Glied mit $\omega_g = 1/RC \ll 2\omega$) bildet den arithmetischen Mittelwert, so daß wir für das Signal erhalten

$$(6.67) \quad \bar{U}_{ax} \sim (U_o\, U_{ov}/4)\, \cos\phi_v.$$

Dieses Ausgangssignal ist direkt proportional der Eingangsspannung und hängt von der Phasenverschiebung ϕ_v zwischen Eingangs- und Vergleichsspannung ab. Für $\phi_v = 0^\circ$ ist die Gleichrichtung optimiert.

Für den Rauschanteil nach dem Mischer ergibt sich

$$(6.68) \quad U_{aR} \sim U_R(t)U_{ov}\, \sin(\omega_v t + \phi_v),$$

und Fig.6.9 illustriert das Ausgangssignal für eine spezielle Frequenz $\omega_R = \frac{5}{6}\omega_v$ des Rauschspektrums. Man erkennt, daß bei der

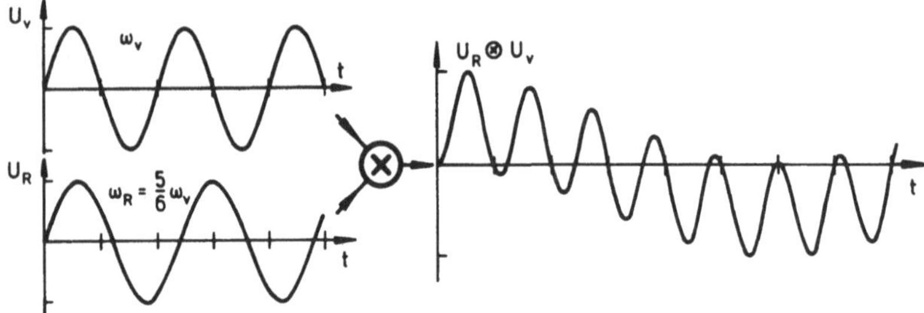

Fig. 6.9: Illustration der Mischung zweier Signale

Multiplikation positive und negative Signalanteile entstehen, und eine Mittellung daher beliebig kleine Werte liefert, wenn über eine genügend lange Zeit integriert wird.

Für eine Komponente des Rauschspektrums läßt sich Gl.(6.68) mit Hilfe trigonometrischer Beziehungen folgendermaßen umformen (wobei wir $\phi_v = 0$ ansetzen):

$$(6.69) \quad U_{aR}(\omega_R) \sim U_{oR}U_{ov}\sin\omega_R t \, \sin\omega_v t,$$

$$(6.70) \quad U_{aR}(\omega_R) \sim (U_{oR}U_{ov}/2)\left[\cos(\omega_R-\omega_v)t - \cos(\omega_R + \omega_v)t\right].$$

Der Tiefpaß mit einer oberen Grenzfrequenz $\omega_g \ll \omega_v$ liefert den entsprechend gemittelten Wert

$$(6.71) \quad \bar{U}_{aR}(\omega_R) = H(\omega)\, U_{aR}(\omega_R),$$

bzw. mit Gl.(5.21) für den RC-Tiefpaß:

$$(6.72) \quad \bar{U}^2_{aR}(\omega_R) \sim \frac{U^2_{oR}\, U^2_{ov}}{2\left[1+(\omega_R-\omega_v)^2/\omega_g^2\right]}\cos^2(\omega_R-\omega_v)t.$$

Aus dem breiten Leistungsspektrum $W_U(\omega_R)$ des Rauschens (s. Gl. (6.27)) wird so nur ein schmaler Bereich um die Frequenz ω_v herausgefiltert und bestimmt das Rest-Rauschen. Die effektive Breite $\Delta\omega_{eff}$ kann man aus Gl.(6.72) sofort angeben:

$$(6.73) \quad \Delta\omega_{eff} = 2\omega_g = 2/RC, \quad bzw.$$

$$(6.74) \quad \Delta\nu_{eff} = 1/\pi RC.$$

Sie kann beliebig klein gemacht werden, indem man die Zeitkonstante RC entsprechend vergrößert, wobei man natürlich unter der Zeitskala bleiben muß, mit der Veränderungen der Eingangsgröße untersucht werden sollen. Das Signal selbst (Gl.(6.67)) wird durch diese Integration nicht beeinflußt. Die geschickte Wahl der Modulationsfrequenz ω_v erlaubt es gleichzeitig, die Messung aus einem Frequenzbereich starken Rauschens (z.B. 1/f-Rauschen bei niedrigen Frequenzen) in einen solchen geringeren Rauschens zu verschieben.

Die Wissenschaft, richtig verstanden,
heilt den Menschen von seinem Stolz,
denn sie zeigt ihm seine Grenzen.
Albert Schweitzer

7. Detektoren für Teilchen und elektromagnetische Strahlung

7.1 Problematik

Elektromagnetische Strahlung wie auch Teilchen sind für den Physiker die wichtigsten Informationsträger überhaupt. Gleiches gilt in vielen Gebieten, für welche die Physik eine der Grundlagen oder unentbehrliches Hilfsmittel ist. Hinzu kommen vielseitige Anwendungen wie etwa als Sonden zur Untersuchung der Materie und ihrer Bausteine oder als Übertragungsform hoher Energien. Die breit gestreuten Probleme bei der Detektion kann man bereits vermuten, wenn man nur die heute benutzte bzw. auftretende Strahlung betrachtet.

Teilchenstrahlen überstreichen den Energiebereich von etwa 1 eV bis zu 400 GeV, d.h. von etwa zwölf Zehnerpotenzen. Das Spektrum der elektromagnetischen Strahlung umfaßt gar einen Frequenzbereich von 10^3 Hz (Radiowellen) bis zu 10^{23} Hz (bestimmte Komponenten der kosmischen Strahlung). In der Radioastronomie analysiert man Strahlungsleistungen in der Größenordnung 10^{-16}W, bei Untersuchungen zur kontrollierten Kernfusion mittels Trägheitseinschluß fokussiert man intensive Laserstrahlung von über 10^{14}W.

Eine auch nur annähernd vollständige Behandlung aller heute benutzten Detektoren ist daher in diesem Rahmen nicht möglich. Eine Auswahl der umfangreichen Literatur ist im Literaturverzeichnis zusammengestellt. Im folgenden werden nur die für den Physiker wie auch Ingenieur im allgemeinen wohl wichtigsten Detektoren vorgestellt. Das Verständnis der ihnen zugrunde liegenden Prinzipien erlaubt ihre optimale Verwendung und das Vermeiden von Fehlern. Auf Anwendungsmöglichkeiten sowie dabei auftretende Probleme wird gegebenenfalls hingewiesen.

Fast alle Detektoren nutzen spezifische Wechselwirkungen zwischen der Strahlung und Materie aus, und sie werden daher auch geordnet nach entsprechenden Gesichtspunkten behandelt.

7.2 Die photographische Schicht

7.2.1 Allgemeine Eigenschaften

Obwohl moderne photoelektrische Vielkanaldetektoren kombiniert mit elektronischer Verarbeitung der Meßwerte heute in vielen Bereichen die Photoplatte verdrängen und in steigendem Maße eingesetzt werden, bleibt die photographische Schicht als Strahlungsdetektor von einer Universalität und Wirtschaftlichkeit, wie sie noch kein anderes System erreicht hat [7.13; 7.19; 7.34]. Die wesentlichsten Vorteile sind:

- Zweidimensionale Registrierung der auftreffenden Strahlung (in Sonderfällen sogar dreidimensional).
- Permanente Speicherung.
- Große Ortsauflösung. Spezielle höchstauflösende Schichten erreichen ein Auflösungsvermögen von über 1000 Linien pro mm, was einer Speicherkapazität von 10^8 bit/cm^2 entspricht.
- Empfindlich sowohl für Strahlung vom infraroten Spektralbereich bis zu den γ-Strahlen als auch für Teilchenstrahlen.
- Einfache Handhabung.
- Geringe Kosten.

Dem stehen natürlich auch Nachteile gegenüber:

- Die Schwärzung der photographischen Schicht hängt von der Entwicklung ab.
- Die Schwärzungskurve ist nichtlinear.
- Die Schwärzungskurve kann bei gleicher Emulsion und gleicher Entwicklung von Platte zu Platte variieren.
- Niedrigere Quantenausbeute und geringerer dynamischer Bereich im Vergleich mit photoelektrischen Detektoren.
- Keine Zeitauflösung.
- Reziprozitätsfehler.
- Intermittenzeffekt.
- Schrumpfung der Schicht beim Fixier- und Trocknungsprozeß.
- Die gespeicherte Information kann erst durch punktweises Ausmessen der Schwärzung der Schicht mittels eines Mikrophotometers (Densitometer) für eine Weiterverarbeitung genutzt werden.

Auf den photographischen Prozess wird im einzelnen nicht eingegangen; er ist ausführlich in der Literatur beschrieben [7.12; 7.13]. Ebenso wird die Farbphotographie ausgeklammert.

Normale photographische Emulsionen enthalten Silberhalogenidsalze (vornehmlich Silberbromid) in einer Gelatineschicht. Durch die auftreffende Strahlung werden Halogensilberkörner entwicklungsfähig, es entsteht das sog. latente Bild, das äußerlich nicht wahrnehmbar ist. Die chemische Entwicklung in einer reduzierenden Lösung führt dann zur Ausscheidung von metallischem Silber an den Entwicklungskeimen, es entstehen einzelne Silberkörner. Das Fixierbad entfernt das unreduziert gebliebene Silberhalogenid, die anschließende Wässerung beseitigt die löslichen Chemikalien. Für die einzelnen Arbeitsvorgänge liefern die Hersteller für jede photographische Schicht genau einzuhaltende Vorschriften.

Die Zahl der entwickelten Silberkörner pro Flächeneinheit ist so ein Maß für die *Bestrahlung* der Schicht (*Belichtung* in der Photometrie). In der Tat werden in speziellen Fällen insbesondere dann, wenn die Zahl der Silberkörner sehr klein ist, diese unter dem Mikroskop ausgezählt [7.12]. Im allgemeinen bestimmt man jedoch die Menge des an den einzelnen Stellen vorhandenen Silbers, die Schwärzung, gemittelt über ein kleines Flächenelement aus der lokalen Transparenz T der Schicht für weißes Licht. Dazu wird ein Lichtbündel an der zu messenden Stelle durch die Schicht hindurchgeschickt und das Verhältnis von austretendem zu einfallendem Strahlungsfluß P_O gebildet.

$$(7.1) \quad T = P/P_O.$$

Als Maß für die Schwärzung benutzt man die sog. Dichte D, die als dekadischer Logarithmus des reziproken Wertes der Transparenz definiert ist:

$$(7.2) \quad D = - \lg T = \lg (P_O/P).$$

(Die Meßbedingungen müssen allerdings festgelegt werden, da die geschwärzte Emulsion nicht nur Licht absorbiert, sondern auch

streut. Man erhält so eine unterschiedliche Dichte je nachdem, ob
nur das gerichtete transmittierte Lichtbündel oder auch das diffus
gestreute Licht gemessen wird.)

Die Bestrahlung (Belichtung) H ist das Produkt aus Bestrahlungsstärke (Beleuchtungsstärke) E und Bestrahlungszeit (Belichtungs-
zeit) t:

(7.3)   H = E t.

Die Einheit ist $[H] = Jm^{-2}$, bzw. $[H] = lx \cdot s$. Vergleicht man aller-
dings Schwärzungskurven für energetische Strahlung verschiedener
Wellenlängen, ist es oft zweckmäßiger, als Bestrahlung einfach die
Zahl der pro Flächeneinheit auftreffenden Photonen zu wählen, $[H]$
$= m^{-2}$. Bei Teilchenstrahlen hat man entsprechend die Zahl der
Teilchen einer Sorte bei jeweils einer Energie, doch wird hier
meistens wie auch bei γ-Strahlen die sog. *Ionendosis* mit der
Einheit C/kg anstelle der Bestrahlung vorgezogen $[7.12]$.

Die Schwärzung als Funktion der Bestrahlung charakterisiert eine
Emulsion für die betreffende Strahlungsart, und die sog. *Schwärzungskurve* muß für jede quantitative Untersuchung jeweils bestimmt
werden. Fig. 7.1 illustriert den typischen Verlauf.

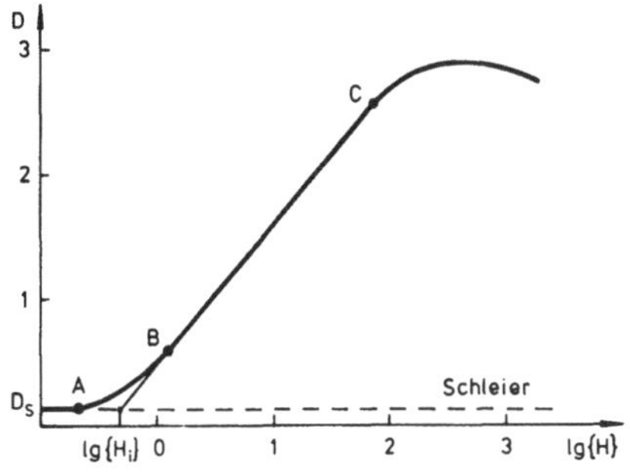

Fig. 7.1:
Schwärzungskurve
einer photogra-
phischen Emulsion

Die konstante Schwärzung D_s zu Beginn der Kurve ist unabhängig von der Bestrahlung. Sie enthält nicht nur die Dichte des Schichtträgers, sondern auch eine Schwärzung, die allein durch den Entwicklungsprozess entsteht. Sie wird als *Schleier* bezeichnet. An der *Schwelle* A setzt die Schwärzung bei Bestrahlung ein (im Sichtbaren müßten bis zu 10 Photonen absorbiert werden, um ein Korn entwickelbar zu machen), es schließt sich der sog. *Fuß* bis zum Punkt B an. Der geradlinige Teil zwischen den Punkten B und C ist der eigentliche Arbeitsbereich der Schicht. Bei C geht die Kurve in den *Schulter*-Bereich über, der Anstieg nimmt ab, bis die Kurve horizontal verläuft. Bei dieser maximalen Dichte D_{max} ist praktisch alles Silberhalogenid der Emulsion zu Silber reduziert. Bei noch größeren Bestrahlungen kann allerdings die Schwärzung wieder abnehmen, ein Effekt als *Solarisation* bekannt, da er erstmals bei Aufnahmen der Sonne beobachtet wurde. Generell tritt die Solarisation bei Röntgenstrahlen leichter auf als bei Licht [7.12].

Der geradlinige Teil der Schwärzungskurve hat die Form

$$(7.4) \qquad D - D_s = \gamma \, (\lg\{H\} - \lg\{H_i\}).$$

Der Punkt $\lg\{H_i\}$ heißt *Inertia*. Die Steigung γ der Geraden ist ein Maß für den erreichbaren Kontrast und wird als *Gamma-Wert* der Emulsion bezeichnet. γ hängt allerdings von der Entwicklungsdauer ab und strebt asymptotisch bei langer Entwicklung einen Grenzwert γ_∞ an.

Die *Empfindlichkeit* einer photographischen Schicht wird heute durch die Bestrahlung festgelegt, die notwendig ist, um eine vorgegebene Dichte (beispielsweise D = 0,1) über dem Schleier zu erreichen.

Eine weitere wichtige Kenngröße ist das *Auflösungsvermögen*, das durch die endliche Größe der Körner und durch die Lichtstreuung in der Schicht bestimmt wird. Es wird als die Anzahl von Linien pro Millimeter (L/mm) definiert, die auf der Schicht gerade noch als getrennt wahrgenommen werden können.

Die bisherigen Betrachtungen setzten die Gültigkeit des *Reziprozitätsgesetzes* voraus, das Bunsen und Roscoe (1862) generell für photochemische Reaktionen formuliert hatten. Es besagt, daß das Produkt einer photochemischen Reaktion nur von der Bestrahlung abhängt und unabhängig davon ist, über welche Zeit die Strahlungsmenge geliefert wurde. In der Tat ist es gültig für die Bestrahlung photographischer Schichten mit Röntgen- und γ-Strahlen sowie mit Teilchen. Bei Bestrahlung mit Licht im sichtbaren Spektralbereich werden dagegen Abweichungen von der Reziprozität (*Schwarzschild-Effekt*) festgestellt, und Aufnahmen für quantitative Auswertungen sollten daher am zweckmäßigsten mit gleicher Belichtungsdauer hergestellt werden. Für lange Belichtungszeiten bei kleinen Intensitäten, wie sie in der Astronomie erforderlich sind, fand Schwarzschild eine effektive Bestrahlung der Form

$$(7.5) \qquad H_{eff} = E \cdot t^p,$$

die über einen nicht zu großen Bereich die Schwärzung korrekt beschreibt. p wird als *Schwarzschild-Exponent* bezeichnet und hat meistens einen Wert um 1. Ähnliche Abweichungen werden ebenfalls bei sehr kurzen Belichtungszeiten mit hohen Intensitäten festgestellt [7.34] und müssen in der Kurzzeitphotographie beachtet werden.

Eine Folge ist auch der *Intermittenzeffekt*. Wird die Belichtung unterbrochen, ist die erreichte Schwärzung nicht mehr gleich derjenigen, die man bei entsprechender kontinuierlicher Belichtung erhalten hätte.

7.2.2 <u>Spektrale Eigenschaften</u>

Die Empfindlichkeit einer photographischen Schicht hängt von der Wellenlänge der einfallenden Strahlung ab, und man definiert eine *spektrale Empfindlichkeit* $s(\lambda)$ als den Kehrwert der Bestrahlung $H(\lambda)$ in einem schmalen Spektralintervall, die in der Schicht nach der Entwicklung eine vorgegebene Schwärzung hervorruft:

(7.6) $s(\lambda) = \dfrac{1}{H(\lambda)}$ bei D = const.

In den Datenblättern werden oft Kurven für D = 0,1 als auch für
D = 0,6 über dem Schleier angegeben. Eine unbehandelte photographische Emulsion hat eine langwellige Empfindlichkeitsgrenze, die
für AgCl etwa bei 425 nm, für AgBr bei 480 nm und für AgJ bei 440
nm liegt. Setzt man zu AgBr ca. 5% AgJ zu, verschiebt sich die
Grenze bis zu 520 nm. Zu kürzeren Wellenlängen hin wird die Empfindlichkeit zunächst durch Absorption in der Gelatineschicht
begrenzt, die unterhalb von 250 nm stark zunimmt.

Ein Zusatz von organischen Farbstoffen, die an den Silberbromidkörnern adsorbiert sind und längerwelliges Licht absorbieren, kann
allerdings die Empfindlichkeit einer Emulsion jenseits der Grenze
erhöhen. Man spricht von spektraler *Sensibilisierung*. Orthochroma-
tische Schichten sind so bis 600 nm empfindlich, panchromatische
Schichten bis 700 nm; die erreichte Grenze liegt bei etwa 1300 nm.

Kurz aufeinanderfolgende Doppelbelichtungen unter sehr verschiedenen Bedingungen führen zu einer ganzen Reihe von Effekten, die
durch Sensibilisierung wie auch Desensibilisierung der Emulsion
charakterisiert sind [7.34]. So kann beispielsweise eine photographische Schicht sogar bei einer Wellenlänge von 10,6 µm noch als
linearer Detektor für gepulste Bestrahlungen ab 20 mJ/cm^2 dienen,
wenn die Schicht nach der sensibilisierenden Bestrahlung im Infraroten anschließend im Sichtbaren belichtet wird [7.23]. Oberhalb
einer bestimmten Bestrahlung tritt Desensibilisierung ein.

Die kurzwellige Empfindlichkeitsgrenze bedingt durch die Absorption der Gelatine vermeidet man im Ultravioletten und Vakuum-UV-
Bereich mit speziellen Platten, die sehr wenig oder praktisch
keine Gelatine enthalten. Gelatinefreie Platten wurden erstmals
von V. Schumann entwickelt und sind unter dem Namen Schumann-
Platten bekannt. Heute werden sie kommerziell hergestellt, sind
aber wegen der fehlenden oder geringen Gelatine äußerst empfindlich in der Handhabung. Normale photographische Schichten kann man
allerdings indirekt auch für den UV-Bereich empfindlich machen,
indem man sie mit einer dünnen fluoreszierenden Schicht bedeckt,

die im UV absorbiert und im Sichtbaren fluoresziert. Ein Verlust
an Schärfe und Kontrast ist dabei nicht zu vermeiden.

Mit kürzer werdender Wellenlänge, bzw. größer werdender Photonenenergie tritt die Absorption durch die Gelatine immer mehr zurück
und im Röntgenbereich können gelatine-haltige Schichten wieder
benutzt werden. Da auch die Absorption in der photographischen
Schicht selbst kleiner wird, verwendet man Emulsionen mit hohem
AgBr-Gehalt und je einer Schicht auf jeder Seite des Schichtträgers. Die große Energie hat zur Folge, daß jedes absorbierte Rönt-
gen-Quant mindestens ein Korn entwickelbar macht, bei sehr ener-
giereicher Strahlung sogar mehrere. Dadurch fällt die Schwelle
weg, unterhalb der die Zahl der Photonen im Sichtbaren nicht aus-
reichte, einen Keim entstehen zu lassen. Die Dichte über dem
Schleier wächst so im Röntgenbereich sofort linear mit der Bestrahlung an, und Abweichungen vom Reziprozitätsgesetz sowie der
Intermittenzeffekt treten nicht auf. Spektrale Empfindlichkeitskurven sind in der Literatur zu finden [7.5; 7.8; 7.11; 7.12;
7.34].

Der Bereich der Röntgenstrahlen geht kontinuierlich über in den
Bereich der γ-Strahlen. Die Absorption in der Schicht fällt weiter, die Zahl der von einem Quant entwickelbar gemachten Körner
nimmt zu, und für 1 γ-Quant von 1 MeV wurden beispielsweise etwa
80 Körner gezählt [7.34]. Zu beachten ist allerdings, daß hier und
auch bereits im Röntgenbereich primär zunächst sehr energetische
Elektronen entstehen, und zwar durch Photoeffekt, Compton-Streuung
und oberhalb von 1,02 MeV auch durch Paarbildung. Diese Elektronen
verlieren dann ihre Energie im wesentlichen durch ionisierende
Stöße, und die dabei frei gesetzten Elektronen sind erst für die
Entstehung der entwickelbaren Körner verantwortlich.

7.2.3 Die photographische Emulsion als Teilchendetektor

Alle normalen photographischen Schichten werden durch energetische
Elektronen geschwärzt, wobei, wie oben bei den γ- und Röntgenstrahlen bereits erwähnt, erst die durch Ionisation entstandenen

sekundären Elektronen die entwickelbaren Keime erzeugen. Das Reziprozitätsgesetz ist so auch in weiten Grenzen erfüllt, und die
Schwärzung der Platte ist proportional der Energie der Elektronen,
bis die Reichweite der Elektronen in der Emulsion gleich der Dicke
der Schicht wird. In der Praxis deckt dies etwa den Bereich von
0,1 bis 2 MeV ab. Elektronen mit geringen Energien bleiben in der
dünnen Schutzschicht stecken, mit der viele Röntgenfilme versehen
sind, und hier verwendet man am zweckmäßigsten wieder gelatinearme
Platten wie im Vakuum-UV-Bereich.

Diese Platten eignen sich ebenfalls zum Nachweis von <u>Ionen</u>. Die
Schwärzung hängt von der Energie und der Masse der Ionen ab und
ist praktisch unabhängig vom Ladungszustand.

Gegenüber <u>Neutronen</u> sind normale Schichten äußerst unempfindlich.
Die Schwärzung durch thermische Neutronen erfolgt im wesentlichen
nur über den Einfang an den Silber- und Bromkernen der Emulsion
mit nachfolgender Emission von β- und γ-Strahlen, die die entwik-
kelbaren Keime erzeugen. Durch Einbau von Bor und Lithium mit
großen Einfangsquerschnitten [7.12] kann allerdings die Neutronen-
empfindlichkeit beträchtlich erhöht werden ($^{10}B(n,\alpha)^{7}Li$;
$^{6}Li(n,\alpha)^{3}H$). Bewährt hat sich auch die Kombination von photographischer Schicht mit darüberliegendem dünnen Film aus Elementen
oder Isotopen, die bei Neutronenbestrahlung α-, β- oder γ-Strahlen
emittieren.

Schnelle Neutronen erzeugen dagegen durch elastische Stöße mit den
Wasserstoffkernen der Emulsion Protonen, die ihrerseits durch
Ionisation wieder ihre Energie verlieren und so zur Schwärzung
führen. In der normalen Schicht ist diese Schwärzung sehr klein.
Benutzt man aber dicke Emulsionen, kann man die gesamte <u>Spur</u> eines
einzelnen schnellen Protons unter dem Mikroskop verfolgen und aus
ihrer Länge auf die Energie des Protons und damit auch auf die des
einfallenden Neutrons schließen.

Für derartige Anwendungen zur Sichtbarmachung der Bahnen elektrisch geladener atomarer Teilchen verwendet man spezielle <u>Kern-
emulsionen</u>, die eine hohe Konzentration an Silberbromidkörnern

haben, die zudem noch besonders klein sind. Die Dicke der Schicht kann je nach den Erfordernissen 2 mm erreichen. Neben Spuren von Protonen lassen sich mit ihnen natürlich auch die von anderen Atomkernen, Elektronen und Mesonen nachweisen. Der große Nachteil der Kernemulsionen sollte jedoch auch nicht verschwiegen werden: die Auswertung unter dem Mikroskop ist mühsam und zeitraubend.

7.3 Thermische Strahlungsempfänger

7.3.1 Allgemeine Eigenschaften

Die wohl ältesten Detektoren nutzen die Tatsache aus, daß absorbierte elektromagnetische Strahlung zu einer Temperaturerhöhung des absorbierenden Körpers führt, die ein unmittelbares Maß für die zugeführte Strahlungsenergie ist. Der spektrale Absorptionsgrad des Körpers bestimmt allein den Verlauf der spektralen Empfindlichkeit, und bei genügender Schwärze der Auffangfläche ist die Absorption überall eins und die Erwärmung praktisch unabhängig von der Wellenlänge. Die verschiedensten Ausführungen dieser Strahlungsempfänger decken im allgemeinen den Spektralbereich von etwa 0,2 µm bis zu 2 mm ab [7.7; 7.14; 7.15; 7.20; 7.31], obwohl eine spezielle Version bereits auch Messungen bis ins weiche Röntgengebiet ermöglicht [7.24] und Anwendungen im Mikrowellenbereich [7.23] vorkommen.

Die Wärmezufuhr einerseits und die Verluste im wesentlichen durch Wärmeleitung über die Halterungen und durch Luftkonvektion andererseits bestimmen die Temperatur, die der Empfangskörper (Sensor) bei Bestrahlung annimmt. Ist P die absorbierte Strahlungsleistung, T die Temperatur des Empfangskörpers und T_O die der Umgebung, lautet die Energiebilanzgleichung

$$(7.7) \quad C_Q \frac{dT}{dt} = P - \frac{1}{R_Q}(T-T_O).$$

C_Q ist die Wärmekapazität des Empfängers und R_Q der effektive Wärmewiderstand der Anordnung. Im stationären Fall ist die Temperaturerhöhung

(7.8) $\quad T - T_O = R_Q\, P.$ ·

Den Frequenzgang des Detektors erhalten wir, indem wir die Gleichung (7.7) für eine periodische Strahlungsleistung $P = P_O e^{i\omega t}$ lösen (s. Abschn. 5.2.2.2):

$$(7.9) \quad H(\omega) = \frac{T-T_O}{P} = \frac{1}{(1/R_Q) + i\omega C_Q} .$$

Amplituden- und Phasengang sind damit

$$(7.10) \quad |H(\omega)| = \frac{R_Q}{\sqrt{1+\omega^2 R_Q^{\,2} C_Q^{\,2}}} \quad \text{und} \quad \phi = -\arctan(\omega R_Q C_Q).$$

Man erkennt charakteristisches Tiefpaßverhalten mit der oberen Grenzfrequenz $\omega_g = 1/R_Q C_Q$. Datenblätter enthalten gewöhnlich als thermische Zeitkonstante des Detektors die Größe $1/\omega_g = R_Q C_Q$ (s. Gl.5.24), doch ist für eine Messung die Einstellzeit $T_E \simeq 5\,R_Q C_Q$ relevanter (Gl.(5.26)). Schnelle Einstellzeiten verlangen sowohl eine kleine Wärmekapazität, d.h. kleine Masse des Empfangskörpers, als auch einen kleinen Wärmewiderstand. Diese letzte Bedingung hat leider eine entsprechend geringere Temperaturänderung und damit eine kleinere Empfindlichkeit zur Folge, da der statische Übertragungsfaktor wiederum $K = H(O) = R_Q$ ist. Je nach den Anwendungen wird man daher Kompromisse schließen.

Die absolute Nachweisgrenze aller thermischen Detektoren [7.30] ist durch die Temperaturschwankungen des Empfangskörpers gegeben (*Temperaturrauschen*). Wie jede nicht künstlich fixierte thermodynamische Größe fluktuiert die Energie und damit die Temperatur eines Körpers, der mit seiner Umgebung im Gleichgewicht steht, um den makroskopischen Mittelwert. Die statistisch-thermodynamische Schwankungstheorie liefert für das mittlere Quadrat der Schwankungen [7.21]:

$$(7.11) \quad \overline{\Delta T_{tot}^2} = kT^2/C_Q.$$

Physikalisch beruhen die Schwankungen auf dem Strahlungsaustausch zwischen Körper und der Umgebung, und mit Gl.(7.10) kann man die Schwankungen bei einer Frequenz beschreiben durch

$$(7.12) \quad \overline{\Delta T^2} = \frac{R_Q^2}{(1+\omega^2 R_Q^2\, C_Q^2)}\; \overline{P^2(\omega)}.$$

Das Spektrum der Strahlungsschwankungen ist praktisch weiß, da die auftreffenden und auch vom Körper emittierten Photonen Vorgänge von extrem kurzer Dauer darstellen (s. Abschn.6.3.3). Mit dem Ansatz $\overline{P^2(\omega)} = B\, \Delta\omega$ wird die Gl.(7.12) integriert, und der Vergleich mit Gl.(7.11) liefert das Leistungsspektrum B. Damit lautet Gl.(7.12) jetzt:

$$(7.13) \quad \overline{\Delta T^2} = \frac{2\, kT^2\, R_Q\, \Delta\omega}{\pi\,(1+\omega^2/\omega_g^2)} = \frac{4\, kT^2\, R_Q\, \Delta\nu}{1+\nu^2/\nu_g^2}\;.$$

Die Analogie mit dem thermischen Widerstandsrauschen in einem elektrischen RC-Kreis wird offenkundig (s. Gl.6.31). Als kleinste, mit dem Detektor noch nachweisbare Strahlungsleistung P_{min} legt man wieder diejenige fest, für die das Signal-Rausch-Verhältnis $S/N = 1$ ist:

$$(7.14) \quad P_{min} = \frac{\sqrt{\overline{\Delta T^2}}}{|H(\omega)|} = \sqrt{\frac{2}{\pi}\, \frac{kT^2}{R_Q}\, \Delta\omega} = \sqrt{\frac{4\, kT^2\, \Delta\nu}{R_Q}}\;.$$

Durch Kühlung des Detektors kann daher die Nachweisgrenze gesenkt werden.

Zur Messung der Temperaturerhöhung werden eine Reihe von Effekten benutzt, und die Detektoren lassen sich danach gliedern. Die speziellen Meßverfahren bedingen natürlich weitere Rauschanteile (s. Abschn.6.3), die zum Temperaturrauschen noch hinzukommen.

7.3.2 Thermoelement und Thermosäule

Der einfachste thermische Empfänger ist das Thermoelement. Es ist nicht anderes als ein Leiterkreis aus zwei Drähten unterschiedlicher Materialien. Sowohl Metalle als auch Halbleiter werden benutzt, und übliche Kombinationen sind beispielsweise Cu-Konstantan, Ag-Pd, Ag-Bi, Bi-Sb. Die Verbindungsstellen sind verlötet oder verschweißt. Fig. 7.2 zeigt eine Prinzipschaltung.

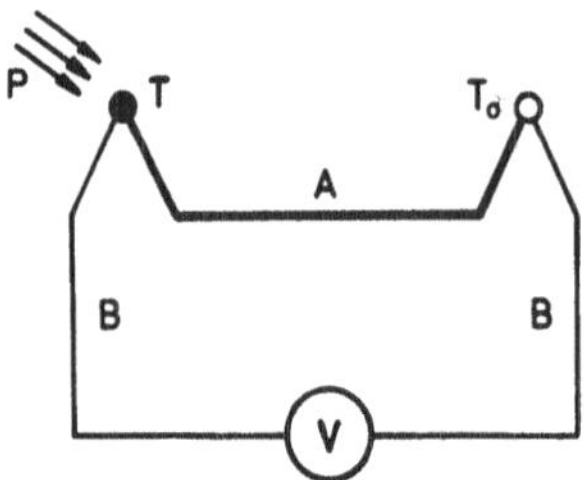

Fig. 7.2: Thermoelement bestehend aus den Materialien
A und B.

Der Empfangskörper für die Strahlung ist eine Lötstelle selbst,
die sich erwärmt, die andere dient als Referenzstelle und wird auf
konstanter Temperatur T_O gehalten (etwa durch Eiswasser). Bei
größeren Bestrahlungsstärken werden auch geschwärzte Metallscheib-
chen als Empfangskörper benützt, an deren unbestrahlter Rückseite
das Thermoelement angelötet ist.

Mit steigender Temperatur T beobachtet man eine Spannung, die sog.
Thermospannung U_{AB} (auch als *thermoelektrische Kraft* bezeichnet),
die der Temperaturdifferenz über nicht zu große Bereiche direkt
proportional ist:

$$(7.15) \quad U_{AB} = \varepsilon_{AB} (T - T_O).$$

ε_{AB} nennt man *Seebeck-Koeffizienten* für die Substanzen A und B,
den Effekt selbst <u>thermoelektrischen oder Seebeck-Effekt</u> nach seinem Entdecker (1821). Physikalisch ist dieser Effekt darauf zurückzuführen, daß an den Berührungsflächen zweier Leiter mit verschiedenen Austrittsarbeiten durch Diffusion der Elektronen eine
Kontaktspannung entsteht, die von der Temperatur abhängt.

Mit den Gln.(7.10) und (7.15) erhält man so für die Strahlungsemp-
findlichkeit des Detektors bei langsamen Änderungen ($\omega \ll \omega_g$):

$$(7.16) \quad S = U_{AB}/P = \varepsilon_{AB} R_Q.$$

Werden n Thermoelemente hintereinandergeschaltet, kommt man zur
<u>Thermosäule</u> mit der n-fachen Spannung und dementsprechend erhöhten
Empfindlichkeit:

(7.17) $S = n\, \varepsilon_{AB}\, R_Q$.

Moderne Verfahren der Herstellung dünner Schichten ermöglichen es, sehr preiswerte Thermosäulen mit komplexen Anordnungen der Einzelelemente mit großer Zuverlässigkeit herzustellen [7.14]; angestrebte Empfindlichkeiten von über 100 V/W sind dabei kein Problem. Die spektrale Empfindlichkeit wird durch das Absorptionsverhalten des Empfangskörpers und durch die Transmission eines eventuell vorhandenen Fensters bestimmt; im allgemeinen können diese Detektoren jedoch vom sichtbaren Spektralbereich bis zu einer Wellenlänge von etwa 30 µm benutzt werden.

7.3.3   Bolometer

In Bolometern wird die Temperaturerhöhung bedingt durch die Absorption der Strahlung über die Änderung des elektrischen Widerstands R des Empfangskörpers gemessen. Bei Metallen wird über einen weiten Bereich dieser Zusammenhang beschrieben durch

$$(7.18)\quad R(T) = R(T_O)\left[1 + \alpha(T-T_O) + \beta(T-T_O)^2\right].$$

Der Zahlenwert der *Temperaturkoeffizienten* α und β ist sehr unterschiedlich (β ist ungefähr drei Zehnerpotenzen kleiner), so daß man in nicht zu großen Temperaturbereichen mit der linearen Beziehung arbeiten kann. In Metallen ist α positiv, da mit steigender Temperatur die Schwingungen des Metallgitters stärker angeregt werden und so die Streuung der freien Elektronen an ihnen und damit der Widerstand größer wird.

Der komplexe Frequenzgang des Bolometers wird mit Gln.(7.9) und (7.18):

$$(7.19)\quad H(\omega) = \frac{R(T)-R(T_O)}{P} = \frac{\alpha\, R_Q\, R(T_O)}{1+i\omega\, R_Q\, C_Q}\, .$$

Die Empfindlichkeit bei niedrigen Frequenzen ist

(7.20) $S = H(0) = \alpha \, R_Q \, R(T_O)$,

die obere Grenzfrequenz bleibt $\omega_g = 1/R_Q C_Q$.

Moderne _Metall-Bolometer_ bestehen meistens aus dünnen Schichten der Metalle Gold, Platin oder Nickel, die durch Aufdampfen hergestellt werden. Größere Empfindlichkeiten erreicht man mit _Halbleiter-Bolometern_ (Thermistoren) wegen des viel höheren Temperaturkoeffizienten. Er ist allerdings nichtlinear und negativ, da mit steigender Temperatur mehr Elektronen ins Leitungsband gelangen. Bei normalen Halbleitern wird α in guter Näherung beschrieben durch

(7.21) $\alpha = \dfrac{1}{R} \dfrac{dR}{dT} = - \dfrac{const}{T^2}$.

Diese Beziehung enthüllt, daß man für sehr empfindliche Bolometer zu sehr tiefen Temperaturen gehen muß. In der Tat sind auch eine ganze Reihe von Halbleiter-Bolometern für Betriebstemperaturen von $T_O = 4,2$ K und darunter entwickelt worden [7.14], und die höchsten Empfindlichkeiten liegen bei über 10^7V/W.

Supraleitende Bolometer nutzen den enormen Temperaturkoeffizienten im Übergangsgebiet zur Supraleitung aus.

Bolometer werden je nach Ausführungsform für Strahlungsmessungen vom sichtbaren Spektralbereich bis hin zu den Mikrowellen benutzt. Neueste Entwicklungen dehnen diesen Bereich aber auch auf das weiche Röntgen- und das Vakuum-UV-Gebiet aus sowie auf die Detektion neutraler Teilchen [7.24]. Die Einstellzeiten liegen typisch zwischen $T_E = 50$ ms und $T_E = 15$ µs.

7.3.4 Golay-Zelle

Die Golay-Zelle ist ein pneumatischer Empfänger und wurde von Golay 1947 entwickelt. Die Absorption der Strahlung an einem kleinen Empfangskörper innerhalb einer Gaszelle führt zur Erwärmung des Gasvolumens und damit zu einer Druckerhöhung, die auf verschiedene Weise gemessen werden kann. In der Version von Golay benutzt man die Durchbiegung einer verspiegelten Membran, deren Bewegung über die Reflexion eines Lichtstrahl verfolgt werden kann. Mit einem kapazitiven Verfahren kann die Durchbiegung aber auch bequem über die Änderung der Kapazität eines Kondensators gemessen werden, den die Membran der Zelle mit einer zweiten festen Platte bildet. Der Spektralbereich der Golay-Zelle erstreckt sich ebenfalls vom Sichtbaren bis zu Wellenlängen von einigen mm, und für die Einstellzeit werden 15 ms angegeben.

7.3.5   <u>Pyroelektrische Detektoren</u>

Der pyroelektrische Effekt ist zwar seit langem bekannt, an Bedeutung in Verbindung mit der Strahlungsmessung hat er allerdings erst seit einigen Jahren gewonnen. Die Empfangskörper dieser Detektoren sind gewöhnlich ferroelektrische Kristalle oder Keramiken, die infolge ihres Kristallaufbaus einen Dipolcharakter und damit eine permanente elektrische Polarisation P_e aufweisen. Eine Erwärmung des Kristalls führt zu einer Ausdehnung und damit zu einer Veränderung der Polarisation, die durch den *pyroelektrischen Koeffizienten* p charakterisiert wird:

$$(7.22) \quad p(T) = \frac{dP_e}{dT}.$$

Diese Änderung der Polarisation kann besonders bequem gemessen werden, indem man den Kristall einfach als Dielektrikum eines Kondensators benutzt. Wird die Querschnittsfläche des Kondensators mit A bezeichnet, ist die auf Grund der Polarisation auf den Kondensatorplatten induzierte elektrische Ladung $Q_e = P_e A$, und der bei einer Polarisationsänderung fließende Strom wird

$$(7.23) \quad I = \frac{dQ_e}{dt} = A \frac{dP_e}{dT} \frac{dT}{dt} = p(T)A\frac{dT}{dt}.$$

Der komplexe Frequenzgang des Detektors, der diesen Strom mit der einfallenden Strahlungsleistung verknüpft, ergibt sich daraus in Verbindung mit Gl.(7.9) zu:

$$(7.24) \quad H_I(\omega) = \frac{I}{P} = pA \, \frac{i\omega R_Q}{1+i\omega R_Q C_Q}.$$

Elektrisch stellt der pyroelektrische Detektor nichts anderes dar als eine Stromquelle mit einer Kapazität C_D und einem Parallelwiderstand R_D, der einen äußeren Arbeitswiderstand mitenthält. Fig. 7.3. zeigt das Ersatzschaltbild.

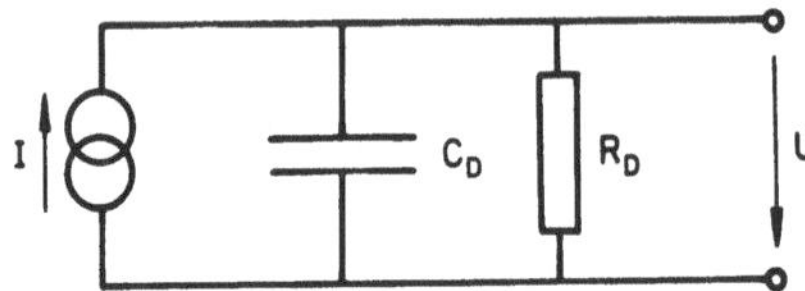

Fig. 7.3: Ersatzschaltbild des pyroelektrischen Detektors.

Für die Ausgangsspannung erhält man

$$(7.25) \quad \frac{U}{I} = \frac{R_D}{1+i\omega R_D C_D} = H_D(\omega).$$

Das Produkt der Gln(7.24) und (7.25) liefert schließlich den Frequenzgang mit der Spannung des Detektors als Ausgangsgröße:

$$(7.26) \quad H_U(\omega) = \frac{U}{P} = i\omega pAR_D R_Q \, \frac{1}{1+i\omega R_D C_D} \, \frac{1}{1+i\omega R_Q C_Q}.$$

Der Frequenzgang ist durch zwei Grenzfrequenzen charakterisiert, $\omega_{g1} = 1/R_D C_D$ und $\omega_{g2} = 1/R_Q C_Q$, und spiegelt sowohl die elektrischen als auch die thermischen Eigenschaften des Detektors wider. Bei einem vorgegebenen Detektor kann $H_U(\omega)$ noch durch die Variation des Arbeitswiderstands (und damit von R_D) verändert werden.

Für sehr kleine Frequenzen ist $|H_U(\omega)| \sim \omega$, für sehr hohe Frequenzen ($\omega \gg \omega_{g1}$, ω_{g2}) verläuft $|H_U(\omega)| \sim \omega^{-1}$. Im Bereich zwischen den Grenzfrequenzen gilt bei $\omega_{g1} \gg \omega_{g2}$ angenähert

$$(7.27) \quad H_U(\omega) \approx \frac{p \, A \, R_D}{C_Q},$$

d.h. der Frequenzgang ist unabhängig von der Frequenz. Hohe Empfindlichkeiten fordern eine kleine Wärmekapazität, einen großen pyroelektrischen Koeffizienten und einen hohen Arbeitswiderstand. Verwendete Materialien sind beispielsweise TGS (Triglyzinsulfat), $LiTaO_3$ oder Sinterkeramiken aus Blei-Zirkon-Titanat oder Barium-

Strontium-Niobat.

Pyroelektrische Detektoren haben im infraroten Spektralbereich eine höhere Empfindlichkeit als jeder andere nicht gekühlte Detektor. Bei sehr stark reduzierter Empfindlichkeit werden sie mit Bandbreiten bis zu 1 GHz als schnelle Detektoren für intensive Laserstrahlen benutzt, und als Energiemeßgeräte für gepulste Strahlung werden sie sogar für den Bereich von 1 nm bis zu 1 mm angeboten.

Im *pyroelektrischen Vidicon (Pyricon)* dient eine etwa 10 µm dicke Scheibe pyroelektrischen Materials zur Aufnahme eines Bildes im infraroten Bereich von etwa 1 µm bis 30 µm [7.32]. Die modulierte Bestrahlung bewirkt lokale Polarisationsänderungen, die mit einem Elektronenstrahl abgetastet und in ein Videosignal umgesetzt werden.

7.4   Photoemissive Detektoren

7.4.1   Photozellen

Photozellen basieren auf dem äußeren Photoeffekt, der 1887 von H. Hertz entdeckt, 1888 von W. Hallwachs untersucht und 1905 von A. Einstein erklärt wurde. In einer im allgemeinen hochevakuierten Röhre aus Glas oder Quarz befinden sich die Kathode K und die Anode A. Treffen auf die Kathode Lichtquanten, deren Energie $h\nu$ größer ist als die Austrittsarbeit W_A der Elektronen, so werden Elektronen freigesetzt. Ihre kinetische Energie ist durch die *photoelektrische Gleichung (Einstein-Gleichung)* gegeben:

$$(7.28) \quad E_{kin} = h\nu - W_A.$$

Die Anzahl dieser sog. Photoelektronen ist bei monochromatischem Licht der Anzahl der jeweils auftreffenden Photonen direkt proportional, das Verhältnis dieser Zahlen wird als Quantenausbeute η bezeichnet. Unter dem Einfluß einer zwischen Kathode und Anode angelegten Spannung werden die Elektronen zur Anode hin beschleu-

nigt und führen in einem äußeren Stromkreis zu einem meßbaren
Strom I. Dieser wie auch die an einem Arbeitswiderstand R abfallende Spannung U_R sind ein Maß für den auf die Kathode fallenden
Strahlungsfluß P. Fig. 7.4 zeigt diese Prinzipschaltung für die
zwei üblichen Kathodenausführungen.

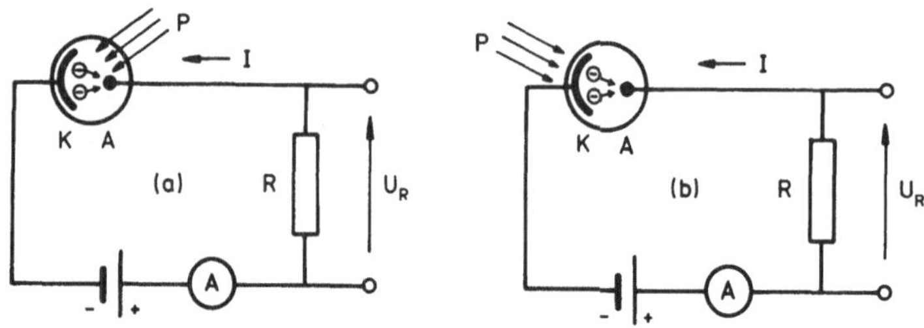

Fig. 7.4: Aufbau der Photozelle (a) mit lichtundurchlässiger Photokathode, (b) mit halbdurchlässiger Photokathode.

Bei der lichtundurchlässigen Photokathode wird die lichtempfindliche Schicht auf eine Metallfäche aufgetragen, und die Elektronen
verlassen die Kathode auf der Seite des Lichteinfalls. Wegen der
hohen Austrittsarbeit können reine Metallkathoden nur für
Strahlung im Ultravioletten und Vakuum-UV-Bereich benutzt werden.
Bei den halbdurchlässigen Photokathoden durchdringen dagegen die
Photonen die Kathode, und die freigesetzten Elektronen treten auf
der dem einfallenden Licht entgegengesetzten Seite aus.

Der relativ einfache Aufbau und die ebenfalls einfache elektrische
Beschaltung zeichnen die Photozelle genauso aus wie eine gute
Konstanz ihrer Eigenschaften über längere Zeiten. Ihre für meß-
technische Anwendungen wichtigsten Eigenschaften sind:

- <u>Strom-Spannungs-Kennlinie</u>
Den typischen Verlauf der Kennlinien einer Hochvakuum-Photozelle
zeigt Fig. 7.5. Der "Photostrom" nimmt zunächst sehr schnell mit

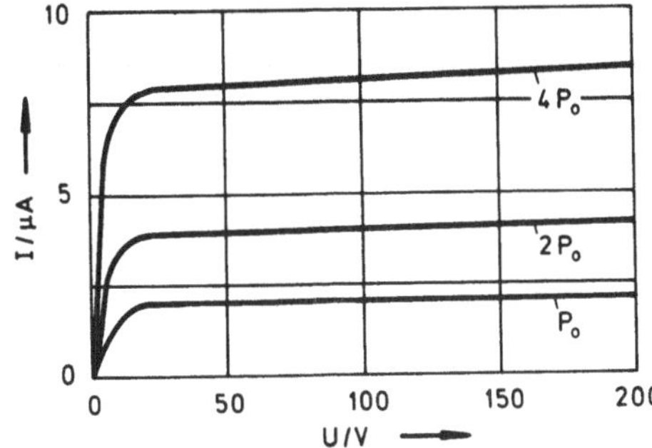

Fig. 7.5: Kennlinienver-
lauf einer typischen
Hochvakuum-Photozelle
für verschiedene Strah-
lungsflüsse P.

der angelegten Spannung zu, erreicht aber schon bei relativ kleinen Spannungen den Sättigungsbereich, in dem die Photozelle betrieben wird. Hier gelangen alle ausgelösten Photoelektronen an
die Anode. Ein oft noch beobachtbarer geringer Anstieg kann verschiedene Ursachen haben.

- Linearität

Bei fester Spannung ist der Strom dem auf die Kathode fallenden
Strahlungsfluß über einen sehr großen Bereich direkt proportional.
Man muß allerdings darauf achten, daß immer die gleiche Fläche der
Kathode bestrahlt wird, da die Quantenausbeute der lichtempfindli-
chen Schicht von Flächenelement zu Flächenelement variieren kann.
Am zweckmäßigsten leuchtet man daher die Kathode immer vollständig
aus.

Zwei Effekte begrenzen diese Linearität bei sehr hohen Strahlungs-
flüssen. Wird die Photokathode über längere Zeiten mit sehr hohen
Intensitäten bestrahlt, nimmt ihre Quantenausbeute ab. Erholt sie
sich nach einer Ruhepause wieder, spricht man von Ermüdung; alle
irreversiblen Änderungen werden dagegen unter dem Begriff Alterung
zusammengefaßt. Leider treten diese Erscheinungen bereits dann
auf, wenn die Photokathode ohne angelegte Spannung dieser
Strahlung ausgesetzt wird. Es ist daher zu empfehlen, hochempfindliche Kathoden nicht im Sonnenlicht oder unter einer starken Lampe
zu betrachten. Caesiumhaltige Kathoden sind besonders empfindlich,

da Caesium relativ leicht aus der Schicht verdampft.

Die Ermüdungserscheinungen hängen allerdings von der Bestrahlung H ab, und bei kurzen Pulsen können so entsprechend höhere Strahlungsflüsse toleriert werden. In diesem Fall führt dann die Raumladung der freigesetzten Elektronen letztlich zu einem raumladungsbegrenzten Strom und damit zur Nichtlinearität.

- <u>Spektrale Empfindlichkeit</u>

Die Quantenausbeute der Photokathode ist eine Funktion der Wellenlänge der auftreffenden Strahlung und im allgemeinen charakteristisch für das spezifische Photokathodenmaterial, wobei aber die verwickelten Vorgänge bei der Herstellung der Kathoden, die aus zusammengesetzten Stoffen bestehen, zu großen Streuungen der Quantenausbeute führen können. Zu langen Wellenlängen hin bestimmt die Austrittsarbeit W_A die Grenze, jenseits der keine Elektronen mehr ausgelöst werden können, $\lambda \leq hc/W_A$. Die Transmission des Fenstermaterials begrenzt die Empfindlichkeit bei den kurzen Wellenlängen.

Datenblätter geben anstelle der Quantenausbeute häufig die <u>spektrale Empfindlichkeit S</u> an, die das Verhältnis von Photostrom I zu einfallendem Strahlungsfluß P beschreibt:

$$(7.29) \quad S(\lambda) = \frac{I}{P} = \eta(\lambda)\frac{e\lambda}{hc} \quad \text{mit} \quad [S] = \frac{A}{W}.$$

Fig. 7.6 zeigt den Verlauf der Quantenausbeute für einige Kathoden. Gold wie auch andere Metalle (Pt, W) haben eine Quantenausbeute von 10% und darüber im Bereich zwischen 40 nm und 100 nm [7.28] und können in Anordnungen ohne Fenster direkt im Vakuum-UV-Bereich benutzt werden. Besonders hohe Ausbeuten haben unterhalb von 100 nm CsI und CsTe; da diese Kathoden in Luft sehr schnell zerstört werden, kann man sie nur in geschlossenen Zellen verwenden. Dargestellt ist daher die resultierende Quantenausbeute mit einem Fenster aus MgF_2, und zwar für den Fall einer lichtundurchlässigen (a) und einer halbdurchlässigen Photokathode (b). Gegenüber sichtbarem Licht sind diese Kathoden völlig unempfindlich.

Die Kathoden für den sichtbaren und ultravioletten Spektralbereich
enthalten im allgemeinen wegen der niedrigen Austrittsarbeit Alka-
limetalle. Sehr hohe Quantenausbeuten im blauen und UV haben die
Bialkali-Photokathoden, wie die Kurve K-Cs für den Fall mit Quarzglas (a) und für Borsilikatglas (b) illustriert.

Kathoden aus Ag-0-Cs werden mit dem Symbol S-1 bezeichnet; sie
haben zwar nur eine relativ kleine Quantenausbeute, sind aber bis
ins Infrarote bei 1000 nm empfindlich. Wesentlich höhere Empfindlichkeiten auch im Roten erzielt man dagegen mit Multialkali-
Kathoden (Na-K-Sb-Cs), wie die Kurve mit der Kurzbezeichnung S-20

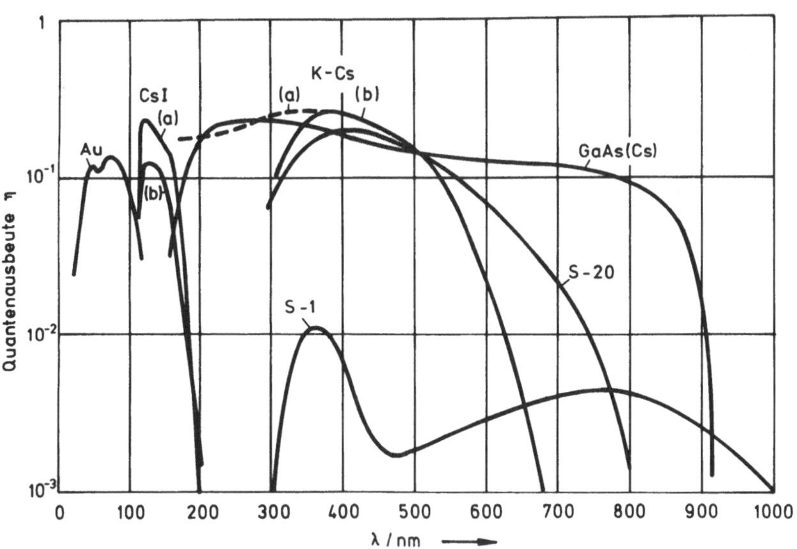

Fig. 7.6: Quantenausbeute als Funktion der Wellenlänge.

für eine Ausführung mit Glasfenster zeigt. Derartige S-Zahlen
wurden ursprünglich für 40 bekannte Empfindlichkeitskurven verge-
ben. Heute benutzen die verschiedenen Hersteller zum Teil eigene

Kurzbezeichnungen, geben aber neben der S-Zahl (wenn vorhanden) für alle Kathoden jeweils die Zusammensetzung, das Fenstermaterial und die gesamte Empfindlichkeitskurve an.

Zu den neuesten Entwicklungen zählen die GaAs(Cs)-Kathoden. Bei hoher Quantenausbeute zeigen sie über einen großen Bereich eine nahezu gleichbleibende Empfindlichkeit.

Für die im Sichtbaren empfindlichen Kathoden enthalten die Datenblätter im allgemeinen auch die integrale Lichtempfindlichkeit S_K. Man bestimmt sie durch Beleuchtung der Kathode mit der Strahlung einer Wolframband-Lampe, die entsprechend einer Farbtemperatur von 2856 K betrieben wird. Ist $P(\lambda)d\lambda$ der im Intervall $d\lambda$ auf die Kathode fallende Strahlungsfluß, ergibt sich der gesamte Lichtstrom P_V zu

$$(7.30) \quad P_V = K_m \int_{380 \text{ nm}}^{780 \text{ nm}} V(\lambda) \, P(\lambda)d\lambda,$$

wobei $V(\lambda)$ der spektrale Hellempfindlichkeitsgrad des Auges (Abschn.6.1) ist und K_m das photometrische Strahlungsäquivalent (Abschn.2):

$$(7.31) \quad K_m = 683 \text{ lm/W}.$$

Damit gilt für die Lichtempfindlichkeit der Kathode:

$$(7.32) \quad S_K = \frac{1}{K_m} \frac{\int S(\lambda) \, P(\lambda)d\lambda}{\int V(\lambda) \, P(\lambda)d\lambda} \quad \text{und} \quad \left[S_K\right] = \frac{A}{\text{lm}}.$$

Die Werte von S_K liegen typisch zwischen 20 µA/lm und 300 µA/lm; für Galliumarsenid-Kathoden werden aber auch Empfindlichkeiten von 600 µA/lm angegeben.

- <u>Bandbreite</u>
Der einfache Aufbau und die kurze Laufzeit der Elektronen zwischen Kathode und Anode sind die Gründe, daß Photozellen prinzipiell sehr schnell sind. Obwohl der individuelle Prozess der Emission eines Elektrons abhängig von der Kathodenart sehr komplex sein kann [7.14] (Freisetzen des Elektrons durch Absorption eines Pho-

tons in der Kathode, Transport des Elektrons an die Oberfläche, Verlassen der Oberfläche durch das Oberflächenpotential), ist die damit vorhandene Zeitverzögerung vernachlässigbar klein, und die Bandbreite wird im wesentlichen durch die geometrische Anordnung der Photozelle selbst und die elektrische Beschaltung bestimmt.

Die einfachste Anordnung entspricht der einer Vakuumdiode mit ebenen Elektroden, und der Strompuls des einzelnen Elektrons hat die Form eines Dreiecks (s. Fig. 6.6 und 6.7). Bezeichnen wir den Elektrodenabstand mit d und die angelegte Spannung mit U, wird mit der Beschleunigung

$$(7.33) \quad a = \frac{e}{m} \frac{U}{d}$$

die Laufzeit τ zwischen den Elektroden:

$$(7.34) \quad \tau = \sqrt{\frac{2d}{a}} = \frac{2d}{\sqrt{2(e/m)U}} \ .$$

Das Spektrum des Dreieckspulses (Gl.6.42) liefert die obere Grenzfrequenz ω_g, die nach [7.15] gegeben ist durch

$$(7.35) \quad \omega_g = \pi/\tau.$$

Mit Gl.(7.34) wird

$$(7.36) \quad \nu_g = \frac{1}{2\tau} = \frac{\sqrt{2(e/m)U}}{4d} \ .$$

Für eine typische Photozelle mit d = 1 cm und einer Betriebsspannung von U = 200 V erhält man so eine Laufzeit von $\tau \simeq 2,4$ ns und eine Grenzfrequenz von $\nu_g \simeq 200$ MHz. Allerdings werden auch spezielle Photozellen kommerziell angeboten, die bei einem Elektrodenabstand von d = 2 mm eine Betriebsspannung von 3 kV erlauben. Die Laufzeit der Elektronen beträgt dann nur 0,12 ns und ermöglicht eine Bandbreite von 4 GHz. Diese Photozellen müssen schaltungstechnisch sorgfältig aufgebaut werden, damit die Bandbreite beispielsweise nicht durch Streukapazitäten begrenzt wird. Bei einem Arbeitswiderstand R gilt daher für die Summe C all dieser Kapazitäten:

$$\frac{1}{RC} > \frac{\pi}{\tau} \text{ , bzw.}$$

$$(7.37) \quad C < \frac{\tau}{\pi R} \; .$$

Für die schnelle Photozelle bedeutet dies $C < 0,8$ pF bei $R = 50\ \Omega$. Man wird natürlich durch spezielle Formgebung der Elektroden dafür sorgen, daß die Laufzeit für alle Elektronen tatsächlich gleich ist.

- Rauschen

Bei hohen Bestrahlungen ist das Rauschen einer Photozelle im wesentlichen durch das Schrotrauschen des Photostroms gegeben (s.Abschn.6.3.3):

$$(7.38) \quad \overline{\Delta I_S^2} = 2\ e\ I\Delta\nu = 2e\Delta\nu\ \int S(\lambda)\ P(\lambda)d\lambda.$$

Hinzu kommt das thermische Rauschen des Arbeitswiderstandes (s. Abschn.6.3.2). Die Nyquist-Beziehung (Gl.(6.26)) in die entsprechende Form für die Stromschwankungen umgeschrieben lautet:

$$(7.39) \quad \overline{\Delta I_R^2} = 4\ kT\ \Delta\nu/R.$$

Bei kleiner werdenden Photoströmen müssen allerdings der sog. *Dunkelstrom* I_D und das mit ihm verknüpfte Schrotrauschen (*Dunkelrauschen*) berücksichtigt werden. Unter dem Dunkelstrom versteht man den Strom, der in einem Detektor auch ohne Bestrahlung fließt. Er kann verschiedene Ursachen haben, wobei im allgemeinen der größte Beitrag I_D^* aber auf die thermische Emission von Elektronen aus der Kathode zurückzuführen ist. Sie wird durch die bekannte <u>Richardson-Gleichung</u> beschrieben:

$$(7.40) \quad I_D^* = a\ AT^2 e^{-(eW_A/kT)}.$$

A ist die Oberfläche der Photokathode und a die Richardson-Konstante mit einem theoretischen Maximalwert von $a = 1,20 \cdot 10^6$

149

A/(m^2K^2). Insbesondere bei Halbleitern ist a kleiner, und technologische Unterschiede bei der Herstellung können den Wert sogar drastisch beeinflussen. Dazu kommt, daß bei Halbleiterkathoden die Austrittsarbeiten für thermische Emission und Photoemission nicht gleich sein müssen. Die starke Temperaturabhängigkeit erlaubt allerdings eine wirkungsvolle Reduzierung des Dunkelstroms durch Kühlung der Photokathode.

Weitere Rauschanteile zum Dunkelstrom liefern Leckströme sowie die radioaktive Strahlung der Umgebung, die entweder direkt Elektronen auslöst oder zunächst primär Photonen in den Wänden oder auf den Elektroden.

Das Rauschen des Dunkelstroms wird ebenfalls durch die Schottky-Beziehung beschrieben. Da die verschiedenen Rauschanteile voneinander unabhängig sind, addieren sich ihre mittleren Schwankungsquadrate, und für die Photozelle erhalten wir ein Signal-Rausch-Verhältnis von

$$(7.41) \quad \frac{S}{N} = \frac{I^2}{2e\Delta\nu\,(I+I_D+\frac{2kT}{eR})} \; .$$

Das thermische Widerstandsrauschen dominiert gegenüber dem Rauschen des Dunkelstroms für alle Lastwiderstände

$$(7.42) \quad R < 2\,kT/eI_D,$$

und in den Datenblättern angegebene oder nach Gl.(7.40) abgeschätzte Werte für den Dunkelstrom enthüllen, daß dies im allgemeinen der Fall ist, praktisch aber immer dann, wenn geringe Ströme mit hoher Zeitauflösung (hohe Grenzfrequenz ω_g = 1/RC) gemessen werden sollen. Hier bietet der Photomultiplier mit seiner hohen inneren Verstärkung entscheidende Vorteile, s. Abschn.7.4.2.

Gegenüber dem Schrotrauschen des Signalstroms I wird das Widerstandsrauschen vernachlässigbar für

$$(7.43) \quad I > 2kT/eR, \quad \text{bzw.}$$

(7.44) $IR > 2kT/e$.

Man erkennt, daß bei Zimmertemperatur der Signalstrom am Arbeitswiderstand dann bereits eine Spannung von $IR > 50$ mV erzeugen muß,
und das Signal-Rausch-Verhältnis $S/N > kT/(2e^2R\Delta\nu)$ selbst bei der
Registrierung schneller Vorgänge in diesen Fällen schon sehr groß
ist.

- Gasgefüllte Photozellen
Füllt man die Photozelle mit Edelgasen (z.B. Argon), können die im
elektrischen Feld beschleunigten Elektronen ionisieren, und durch
die sich ausbildenden Elektronenlawinen werden Verstärkungen des
primären Photostroms bis zu einem Faktor 100 erreicht. Allerdings
haben die sich auf die Kathode zu bewegenden positiven Ionen eine
so große Laufzeit, daß die obere Grenzfrequenz dieser Detektoren
etwa 10 kHz nicht überschreiten kann.

7.4.2   Photomultiplier

Im Photomultiplier (Photovervielfacher, Sekundärelektronenvervielfacher) ist im gleichen Kolben nach einer Photozelle ein Verstärker untergebracht, der nach dem Prinzip der Sekundärelektronenver-
vielfachung arbeitet und rauscharme Stromverstärkungen von 10^3 bis
über 10^9 mit großer Bandbreite ermöglicht. Fig. 7.7 illustriert
den Aufbau.

Die aus der Photokathode (Potential V_K) durch einfallendes Licht
freigesetzten Elektronen werden durch ein elektrisches Feld auf
die 1. Dynode (Potential V_1) hin beschleunigt und lösen dort bei
genügender kinetischer Energie Sekundärelektronen aus. Das Verhältnis der Anzahl dieser Sekundärelektronen zu der der Primärelektronen wird als Sekundäremissionsfaktor δ bezeichnet. Er hängt
vom Dynodenmaterial, vom Einfallswinkel der Primärelektronen und
von der Beschaffenheit der Oberfläche ab und wächst mit der kinetischen Energie der einfallenden Elektronen [7.14]. Bei 200 eV
liegt δ bei üblichen Dynodenmaterialien etwa zwischen 4 und 14.

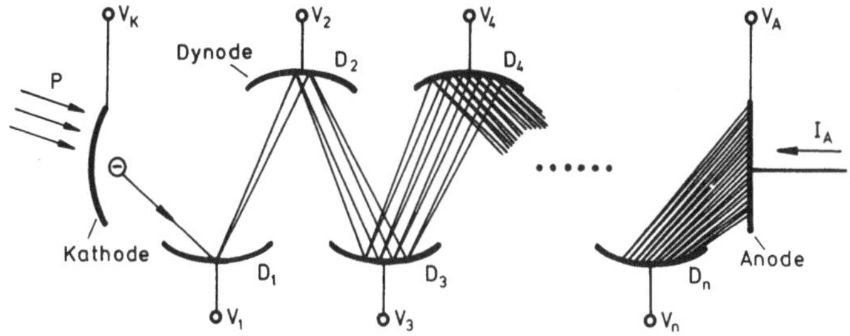

Fig. 7.7: Prinzip des Photomultipliers.

Die Sekundärelektronen der 1. Dynode werden wiederum auf die 2. Dynode hin beschleunigt, und der Prozess der Vervielfachung wiederholt sich bis zur letzten Dynode. Bei n Dynoden spricht man von einem n-stufigen Photomultiplier. Ist I der die Kathode verlassende "Photostrom", trifft auf die Anode jetzt ein "verstärkter" Strom

$$(7.45) \quad I_A = \delta_1\ \delta_2\ \delta_3\ ....\ \delta_n\ I.$$

Für gleiche Sekundäremissionsfaktoren ergibt sich die Verstärkung M zu

$$(7.46) \quad M = \delta^n.$$

Bei der konstruktiven Ausführung ist zu beachten, daß die Elektronen zwischen den Dynoden nicht nur beschleunigt, sondern auch fokussiert werden müssen. Eine Reihe von Dynodenstrukturen werden heute benutzt (Jalousiedynoden, kreisförmig angeordnete Käfigdynoden, Schachteldynoden, linear angeordnete Systeme), und ihre spezifischen Vor- und Nachteile können im Hinblick auf die vorgesehene Anwendung am zweckmäßigsten den Datenblättern der Hersteller entnommen werden.

Die Spannungen für die einzelnen Elektroden des Photomultipliers
werden im allgemeinen durch einen Spannungsteiler bereitgestellt,
wobei normalerweise die Anode mit Nullpotential und die Kathode
mit negativer Hochspannung betrieben wird. Die Speisespannung U_K
muß einerseits gut stabilisert sein, um Schwankungen der Verstärkung zu vermeiden, andererseits sollte sie kontinuierlich oder in
Stufen einstellbar sein, damit über die Veränderung der Sekundäremissionsfaktoren eine bestimmte Verstärkung eingestellt werden
kann. Fig. 7.8 zeigt die Schaltung. Bei kontinuierlicher Beleuch-

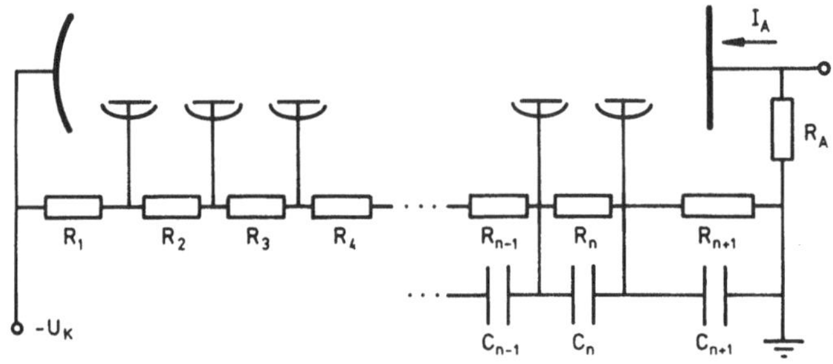

Fig. 7.8: Schaltung eines Photomultipliers

tung sind die Kondensatoren C_n nicht erforderlich. Die Werte der
Spannungsteilerwiderstände oder zumindest ihre Verhältnisse werden
jeweils von den Herstellern empfohlen.

Der Spannungsteilerstrom muß genügend groß gewählt werden, damit
die einzelnen Dynodenströme klein gegen ihn bleiben: im anderen
Fall werden die Spannungen der letzten Stufen durch zu große
Dynodenströme abgesenkt, und die Spannungen an den ersten Stufen
steigen bei konstanter Speisespannung, was insgesamt zu einer
Veränderung der Verstärkung führt. In der Regel sollte der Anodenstrom 1% des Spannungsteilerstroms nicht überschreiten. Im Pulsbe-
trieb sind dagegen höhere Anodenströme möglich, wenn die letzten
Stufen mit parallel geschalteten Kondensatoren bestückt werden.

Ihre Größe kann relativ leicht abgeschätzt werden, sobald der maximal auftretende Anodenstrom und die Pulsdauer bekannt sind. Da die Absenkung der Stufenspannung U während der Pulsdauer Δt unter 1% bleiben soll, folgt aus $\Delta U/U = 0,01$ und $\Delta Q = C_{n+1}\,\Delta U = I_A\,\Delta t$ beispielsweise für den letzten Kondensator

$$(7.47) \quad C_{n+1} = 100\,\frac{I_A\,\Delta t}{IR_{n+1}}.$$

Für die vorangehenden Stufen wird C gemäß der Verstärkung der betreffenden Dynode entsprechend kleiner gewählt. Zu beachten ist nur, daß die vom Hersteller angegebene Anodenbelastung nicht überschritten wird. Für die meisten Photomultiplier wird ein mittlerer Anodenstrom von etwa 100 µA als obere Belastungsgrenze angegeben.

Die wichtigsten Eigenschaften sind:

- <u>Linearität</u>
Bei richtiger äußerer Beschaltung zeichnen sich die Photomultiplier durch eine enorme Linearität zwischen Anodenstrom und einfallendem Licht aus. Hersteller zitieren Abweichungen von kleiner als drei Prozent über einen Bereich von 8 Größenordnungen. Ursache der Nichtlinearität ist bei hohen Strömen die Raumladung, die sich im allgemeinen zuerst zwischen den beiden letzten Dynodenstufen aufbaut [7.29]. Für sehr hohe Anodenströme wurden daher spezielle Photomultiplier entwickelt, die besonders hohe Stufenspannungen zwischen den kritischen Dynoden erlauben, oder die zwischen Anode und letzter Dynode ein zusätzliches Beschleunigungsgitter zum Abbau der Raumladung besitzen. Schließlich entstehen bei kleinen Verstärkungen, aber hohen Photoströmen, auch zwischen Kathode und 1. Dynode Raumladungen, wie bereits bei der Photozelle besprochen wurde. Die dort diskutierte Ausleuchtung der Kathode sowie die Ermüdungs- und Alterungserscheinungen gelten selbstverständlich auch für den Photomultiplier.

- <u>Verstärkung</u>
Der Sekundäremissionsfaktor δ kann unterhalb des Maximums angenähert durch folgende Beziehung beschrieben werden,

$$(7.48) \quad \delta \approx B \, (E_{kin})^{\gamma},$$

wobei B eine Konstante ist, E_{kin} ist die kinetische Energie der auftreffenden Elektronen und γ ein Koeffizient, der vom Anodenmaterial und der Anodengeometrie abhängt und in vielen Fällen einen Wert zwischen 0,7 und 0,8 hat. Mit Gl.(7.46) ergibt sich damit zwischen Verstärkung und Speisespannung U_K:

$$(7.49) \quad M \approx B^* \, U_K^{\gamma n}.$$

In doppelt logarithmischer Darstellung entspricht dies einer Geraden, und in der Tat enthüllen die Verstärkungskurven vieler Photomultipliertypen diesen Zusammenhang. Für meßtechnische Anwendungen muß $M = f(U_K)$ jedoch jeweils bestimmt werden.

Gl.(7.49) macht auch die Notwendigkeit der Stabilisierung der Speisespannung deutlich. Jede Schwankung wirkt sich bei vielen Stufen drastisch auf die Verstärkung aus:

$$(7.50) \quad \frac{\Delta M}{M} \approx \gamma n \, \frac{\Delta U_K}{U_K} \, .$$

Leider können schon geringe Magnetfelder die Elektronen von ihrer normalen Flugbahn ablenken und so die Stromverstärkung stark reduzieren. In ungünstigen Fällen genügen bereits Felder von der Größe um 0,5 mT und darunter, um eine Absenkung der Verstärkung um einen Faktor 10 zu bewirken. Da das Erdmagnetfeld schon in der Größenordnung von 0,05 mT liegt, sollte daher jeder Photomultiplier prinzipiell abgeschirmt werden. Oft genügt eine Abschirmung aus hochpermeablem Werkstoff. In starken Magnetfeldern werden derartige Legierungen jedoch schnell gesättigt, und eine zweite äußere Abschirmung (etwa durch einen Stahlzylinder) wird notwendig.

- <u>Spektrale Empfindlichkeit</u>
Die spektrale Kathodenempfindlichkeit ist identisch der einer Photozelle mit der ersten Dynode als Anode, und die entsprechenden Überlegungen können ohne Einschränkung übernommen werden. Durch Multiplikation mit der Verstärkung ergibt sich die spektrale Ano-

denempfindlichkeit als Funktion der Speisespannung, bzw. aus Gl.(7.32) die gesamte Lichtempfindlichkeit des Photomultipliers.

- <u>Bandbreite</u>
Infolge der großen Verstärkung führt ein einzelnes aus der Photokathode ausgelöstes Photoelektron bereits zu einem meßbaren Anodenstrompuls, und es ist daher zweckmäßig, diesen auch gleich zur Charakterisierung der Übertragungseigenschaften zu benutzen; er ist im Prinzip nichts anderes als die Stoßantwort des Photomultipliers (s. Abschn. 5.2.2.1).

Der Anodenstrompuls ist um die Laufzeit der Elektronen durch die Röhre verzögert. Sie hängt von der Konstruktion ab. Bei den gebräuchlichsten Typen liegen die Laufzeiten zwischen 10 und 100 ns, und die Nichtbeachtung kann zu schwerwiegenden Fehlern führen. Die Streuung der Laufzeit, bedingt im wesentlichen durch unterschiedlich lange Wege, die die einzelnen Elektronen innerhalb des Photomultipliers zurücklegen können, bestimmt letztlich die Form des Anodenstrompulses. Die Datenblätter der Hersteller geben dazu gewöhnlich die Anstiegszeit T_A an, die Werte zwischen 2 und 15 ns haben kann, obwohl spezielle Ausführungen mit Anstiegszeiten von unter 1 ns auch angeboten werden. Die obere Grenzfrequenz ν_g erhalten wir aus Gl.(5.25) zu

$$(7.51) \quad \nu_g = 0,35/T_A.$$

Laufzeit und Anstiegszeit nehmen mit steigender Spannung ab.

Wird die maximale Verstärkung nicht benötigt, kann auf recht einfache Weise u.U. die Anstiegszeit verbessert werden, indem man auf die letzten Dynoden verzichtet und die Spannungen zwischen den ersten Dynoden erhöht. Die letzte noch benutzte Dynode wird dabei als Anode betrieben. Mit einem der preiswertesten Photomultiplier (1P28) wurde so eine Anstiegszeit von 0,36 ns erreicht [7.3].

- <u>Rauschen</u>
Die Schwankungen des Photostroms I sowie des Kathodendunkelstroms I_D werden wie der Photostrom selbst verstärkt und liefern daher

einen Rauschanteil des Anodenstroms von

$$(7.52) \quad \overline{\Delta I_A^2} = 2eM^2(I + I_D)\Delta\nu.$$

Schwankungen der Sekundäremission vergrößern allerdings das Rau-
schen um einen Faktor $\delta/(\delta-1)$ [7.15], und mit dem thermischen
Rauschen des Arbeitswiderstandes R wird damit das Signal-Rausch-
Verhältnis des Anodenstroms $I_A = MI$:

$$(7.53) \quad \frac{S}{N} = \frac{I_A^2}{\overline{\Delta I_A^2}} = \frac{I^2}{\left[2e\Delta\nu(I+I_D)\frac{\delta}{\delta-1} + \frac{4\,kT\,\Delta\nu}{M^2\,R}\right]}$$

Infolge der hohen Stromverstärkung ist jetzt im Gegensatz zur
Photozelle das Widerstandsrauschen vernachlässigbar,

$$(7.54) \quad \frac{S}{N} \approx \frac{I^2}{2e\Delta\nu(I+I_D)\delta/(\delta-1)}\,,$$

und S/N wird im wesentlichen nur durch das Schrotrauschen des
Photo- und Kathodendunkelstroms bestimmt. Bei kleinen Strömen I
empfiehlt sich daher auch hier wieder die Kühlung des Photomultipliers.

7.4.3   Elektronenvervielfachung mit kontinuierlichen Dynoden

7.4.3.1 Kanal-Elektronenvervielfacher

Der Kanal-Elektronenvervielfacher (channel electron multiplier,
CEM) ist ein Sekundärelektronenvervielfacher mit einer kontinuierlichen Dynode. Fig. 7.9 illustriert das Prinzip. Der ganze Vervielfacher besteht aus einem Glasröhrchen aus geeignetem Material,
meistens einem speziellen Bleiglas. Die Innenseite des Röhrchens
wird zusätzlich behandelt, um sowohl die Sekundäremissionseigen-
schaften zu optimieren, als auch die Oberflächenschicht halb-
leitend zu machen, so daß zwischen den Enden etwa ein Widerstand
der Größenordnung 10^9 Ω vorhanden ist. An den Enden selbst befinden sich Kontakte gewöhnlich aus Chrom, aus einer Chrom-Nickel-Le-

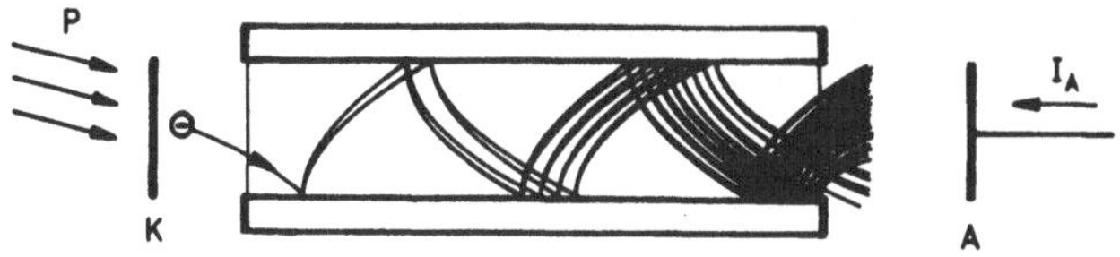

Fig. 7.9: Prinzip des Kanal-Elektronenvervielfachers

gierung oder aus Inconel. An sie wird die stabilisierte Hochspannung angelegt. Das System darf nur in einem guten Vakuum bei Drücken erheblich unterhalb von 10 mPa betrieben werden, da oberhalb eine zerstörende Bogenentladung einsetzt.

Trifft ein aus der Photokathode austretendes Elektron auf die Innenwand, löst es dort Sekundärelektronen aus, die in Richtung höheren Potentials beschleunigt werden. Beim erneuten Auftreffen auf die Kanalwand wiederholt sich der Vorgang: im Röhrchen bilden sich so Elektronenlawinen aus, die schließlich auf die Anode treffen.

Die Verstärkung hängt entsprechend Gl.(7.46) von der Zahl der Stöße mit der Wand ab und über den mittleren Sekundäremissionskoeffizienten δ natürlich direkt von der angelegten Spannung. Die Betrachtung der Flugbahn der Elektronen im homogenen Feld enthüllt, daß neben der Spannung letztlich nur das Verhältnis von Länge zu Innendurchmesser des Röhrchens eingeht, so daß sich mit kurzen Kanälen von kleinem Durchmesser bei gleicher Spannung dieselbe Verstärkung erzielen läßt wie mit ähnlich vergrößerten Systemen [7.37].

Gerade Vervielfacher erlauben nur eine Verstärkung von etwa 10^3 bis 10^5; darüber werden sie durch die sog. Ionenrückkopplung instabil: die starke Elektronenlawine in der Nähe des Ausgangs des Kanals führt zu einer erheblichen Ionisierung der Restgasmoleküle. Die Ionen laufen auf den Eingang zurück, wo sie ebenfalls Sekundärelektronen aus der Innenwand oder sogar aus der Photokathode auslösen, die dann zu weiteren Elektronenlawinen führen. Durch Krümmung der Röhrchen kann man die Rückkopplung vermeiden: die Ionen treffen bereits auf die Wand, ehe sie im elektrischen Feld genügend Energie zur Auslösung von Sekundäremissionsprozessen aufnehmen können. Mit Vervielfachern von 1 mm Durchmesser und Längen zwischen 5 und 10 cm werden für ein einzelnes Elektron Verstärkungen bis 10^8 bei Spannungen von etwa 3 kV erreicht. Darüber führt die Elektronenlawine zu einer Raumladungswolke vor der Anode, Sättigung tritt ein. Zusätzlich senkt die hohe Stromdichte im Kanal das Wandpotential ab, eine Steigerung der Elektronenzahl am Ausgang über 10^8 Elektronen pro Puls wird so unmöglich. Beim konventionellen Photomultiplier kann man dies durch Kondensatoren zwischen den letzten Dynodenstufen vermeiden, hier dagegen muß die Ladung durch den Wandstrom erst wieder ersetzt werden. Da der Wandstrom (bias current) typisch in der Größenordnung 1 bis 40 µA liegt, ist dafür eine Zeit zwischen 0,4 und 16 µs erforderlich. Dies entspricht der "Totzeit" eines Zählers. In der Tat werden Kanal-Elektronenvervielfacher in dieser Betriebsart zum Zählen der Primärelektronen und damit natürlich zum <u>Zählen</u> einfallender Quanten oder Teilchen benutzt [7.38]. Die Pulsdauer ist etwa 20 ns.

Im kontinuierlichen <u>Stromverstärkerbetrieb</u> sollte man auch, wie beim Photomultiplier, mit dem mittleren Anodenstrom 1% des Wandstroms nicht überschreiten, um eine lineare Verstärkung zu gewährleisten, obwohl genügende Linearität bis zu 5% des Wandstroms in der Literatur zitiert wird. Der Dunkelstrom entspricht etwa 0,1 bis 0,5 Primärelektronen pro Sekunde, und gegen Magnetfelder sind diese Vervielfacher relativ unempfindlich.

In der Praxis werden Kanal-Elektronenvervielfacher ohne eine separate Photokathode, aber oft mit trichterförmigem Eingang versehen, hauptsächlich zur Messung elektromagnetischer Strahlung im Röntgen- und Vakuum-UV-Bereich sowie zum Nachweis von Elektronen und Ionen eingesetzt. Im ersten Fall dient die Innenwand am Eingang des Kanals als Photokathode, im zweiten Fall lösen dort die einfallenden geladenen Teilchen die Primärelektronen aus.

Bei 120 nm fällt die Quantenausbeute auf unter 2% ab [7.22], bei
200 nm ist sie bereits nur 10^{-4}%. Durch Bedampfung mit CsI kann
allerdings der Vervielfacher auch für diesen Bereich empfindlich
gemacht werden [7.37]. Zwischen 0.2 und 20 nm schwankt die Quantenausbeute bedingt durch die Absorptionskanten der Elemente im
Glas und in der Oberfläche sehr stark.

Angaben über die Nachweiswahrscheinlichkeit von Elektronen im
Energiebereich zwischen 40 und 1000 eV findet man beispielsweise
in [7.27], Werte für verschiedene Ionen und Ladungszustände in
[7.10].

7.4.3.2 Mikrokanalplatten-Elektronenvervielfacher

Der Mikrokanalplatten-Elektronenvervielfacher, kurz Mikrokanalplatte (micro channel plate, MCP) genannt, besteht aus einer
Vielzahl (10^4 bis 10^7) von kleinen Kanal-Elektronenvervielfachern,
die in dichter Packung alle parallel zueinander angeordnet sind
[7.37]. Der Innendurchmesser liegt bei den gebräuchlichsten Typen
zwischen 10 und 25 µm, das Längen-Durchmesser-Verhältnis zwischen
40 und 100, die Dicke der Platten daher bei ca. 1 mm. Die Achsen
der Kanäle stehen entweder senkrecht auf den Plattenoberflächen,
die wieder metallisch bedampft und die Elektroden für die Hochspannung sind, oder sie bilden einen Winkel zwischen 5° und 15°
mit der Plattennormalen, damit parallel zu dieser einfallende
Teilchen oder Quanten nicht einfach durch die Platte hindurchflie-
gen können, ohne auf die Innenwand zu treffen.

Die Ionenrückkopplung begrenzt die Verstärkung auf etwa 10^4, die
bei einer angelegten Spannung von typisch 1 kV erreicht wird. Für
höhere Verstärkungen werden zwei oder drei Vervielfacherplatten
hintereinandergeschaltet; die entsprechenden Verstärkungen sind
dann etwa 10^6 bis 10^7 und über 10^8, wenn an jeder Platte 1 kV
anliegt. Die Neigung der Kanalachsen verhindert jetzt die Ionenrückkopplung. Fig. 7.10 zeigt die sog. Chevron-Konfiguration, bestehend aus zwei Kanalplatten in Verbindung mit einer Photokathode
K und einer Anode A. Der Abstand beider Platten liegt zwischen 50

und 150 µm.

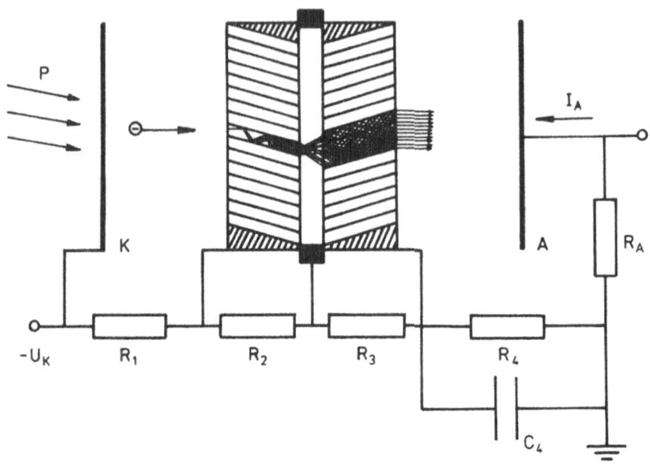

Fig. 7.10: MCP-Photomultiplier

Derartige Photomultiplier mit Mikrokanalplatten-Vervielfachung werden kommerziell als MCP-Photomultiplier angeboten. Neben dem geringen Dunkelstrom und der Unempfindlichkeit gegen Magnetfelder sind die schnellen Anstiegszeiten ihr großer Vorteil. Befindet sich die Kathode unmittelbar vor der Mikrokanalplatte und die Anode nah am Ausgang, ist die Laufzeit der Elektronen kleiner als 1 ns, die Laufzeitstreuung bei einer dreistufigen Anordnung immer noch nur 100 ps. Für Anordnungen mit 1 Mikrokanalplatte werden so Anstiegszeiten von 200 ps angegeben, für Ausführungen mit 3 Mikrokanalplatten 300 ps.

Die spektrale Empfindlichkeit wird natürlich zunächst wieder durch die Photokathode bestimmt (s. Abschn. 7.4.1), und bei Entfernung derselben durch die entsprechende Empfindlichkeit der Kanalinnenwände. Wie bereits beim Kanal-Elektronenvervielfacher besprochen wurde, eignen sich daher die Mikrokanalplatten besonders als Detektoren für den Vakuum-UV- und den Röntgenbereich. Im Gegensatz zu konventionellen offenen Multipliern können sie ohne Schaden längere Zeit in Luft gelagert werden. Eine CsI-Bedampfung erhöht nicht nur die Empfindlichkeit oberhalb von 120 nm, sondern auch im Gebiet der weichen Röntgenstrahlen [7.35]. Über die Erhöhung der Empfindlichkeit durch andere Bedampfungen finden sich Angaben in [7.37]. Die Absorption harter Röntgenstrahlen erfolgt nicht mehr in der Oberfläche der Innenwand, sondern im gesamten Bleiglas der Kanalplatte und ergibt immerhin noch eine Nachweiswahrscheinlichkeit von 1 bis 2% im Bereich von 10 bis 600 keV. Wie mit dem Einkanalvervielfacher werden mit der Mikrokanalplatte selbstverständlich auch Elektronen und Ionen nachgewiesen.

Ihre größte Bedeutung haben Mikrokanalplatten wohl aber als <u>Bildverstärker</u> und <u>Bildwandler</u>. Das Prinzip wird sofort offenkundig, wenn man in Fig. 7.10 die Anode durch einen Phosphorschirm ersetzt und so nah wie möglich an die Mikrokanalplatte heranbringt: die Elektronenlawinen der einzelnen Kanäle erzeugen entsprechende Bildpunkte auf dem Schirm. Das Elektronenbild der Photokathode wird dazu entweder durch eine elektrostatische Linse auf die Eingangsebene der Mikrokanalplatte abgebildet, oder man bringt die Photokathode ebenfalls direkt vor der Platte an (proximity focused type).

7.5   <u>Halbleiter als Detektorelemente</u>

7.5.1   <u>Photowiderstände</u>

Die Absorption elektromagnetischer Strahlung kann in Halbleitern durch den inneren Photoeffekt zur Bildung freier Ladungsträger und damit zu einer Änderung der Leitfähigkeit führen. Man spricht dann von Photoleitung und bezeichnet Materialien, die diesen Effekt zeigen, als Photoleiter. Im Bändermodell lassen sich die Absorptionsprozesse anschaulich darstellen. Fig. 7.11 illustriert die Vorgänge. Bei der Eigenphotoleitung (a) werden Elektronen durch Absorption eines Quants aus dem Valenzband V ins Leitungsband L gehoben: es entstehen freie Elektronen und Löcher gleichzeitig. Der Bandabstand E_g bestimmt die kleinste Photonenenergie, die noch

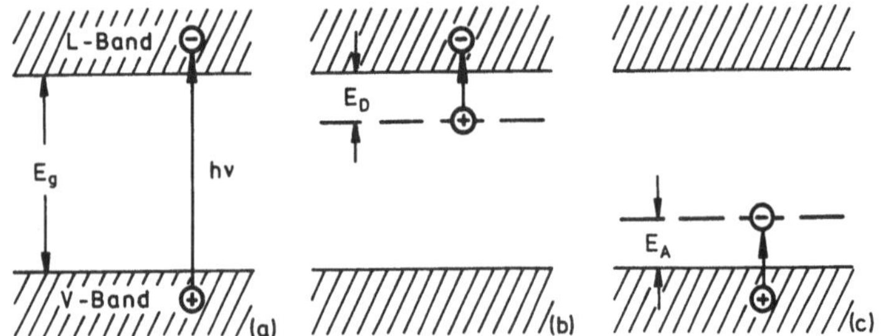

Fig. 7.11: Bändermodell zur Diskussion der Photoleitung:
(a) Eigenphotoleitung, (b) und (c) Störstellenphotolei-
tung

zu diesem Prozess führt, bzw. die längste, auf diese Weise noch nachweisbare Wellenlänge, $\lambda \leq hc/E_g$. Bei Störstellenphotoleitern werden dagegen die Elektronen entweder aus Donatortermen (b) ins Leitungsband angeregt, und man erhält nur freie Elektronen, oder sie werden aus dem Valenzband in Akzeptorterme (c) gebracht, und es entstehen nur Löcher im Valenzband. Infolge der viel kleineren Energieabstände E_D und E_A der Störstellenterme von Leitungs- bzw. Valenzband, sind die entsprechenden Grenzwellenlängen natürlich viel größer.

Das zeitliche Verhalten der erzeugten Ladungsträger wird durch Differentialgleichungen beschrieben, bei stationärer Bestrahlung ist ihre Erzeugungsrate gleich der Rekombinationsrate. Bezeichnet man beispielsweise bei einem n-dotierten Halbleiter die Dichte der freien Elektronen, die durch Photonen erzeugt im Halbleiter vor-handen sind, mit Δn, ihre Erzeugungsrate mit g, und ist ihre mittlere Lebensdauer im Halbleiter τ (Rekombinationsrate = $\Delta n/\tau$), so folgt für das Gleichgewicht

$$(7.55) \quad \Delta n = g\,\tau.$$

Wird die Strahlungsleistung P im Volumen V absorbiert, folgt mit der Quantenausbeute η und der Erzeugungsrate $g = \eta P/h\nu$

$$(7.56) \quad \Delta n = \frac{\eta\,P\,\tau}{h\nu\,V}.$$

Die Leitfähigkeit des Halbleiters ohne Bestrahlung ist durch
$\sigma = e\,\mu\,n$ gegeben, wobei μ die Beweglichkeit der Elektronen ist.
Die relative Leitfähigkeitsänderung, verursacht durch die Bestrahlung, wird damit

$$(7.57) \qquad \frac{\Delta\sigma}{\sigma} = \frac{\Delta n}{n} = \frac{\tau}{nV}\,\frac{\eta P}{h\nu}.$$

Die entsprechende Widerstandsänderung $\Delta R/R = -\,\Delta\sigma/\sigma$ kann bequem
gemessen werden, und Fig. 7.12 zeigt den Meßkreis.

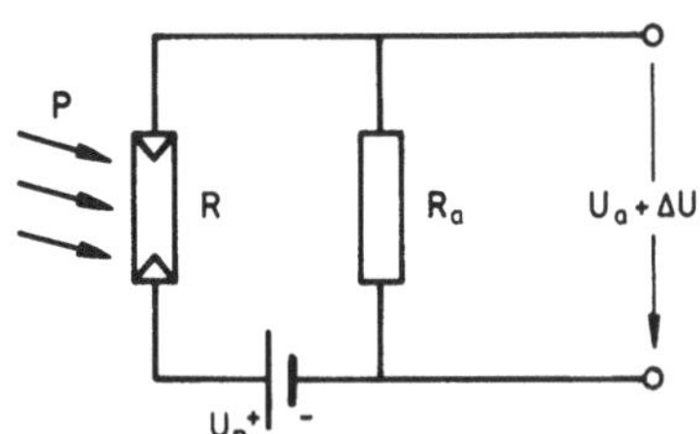

Fig. 7.12: Photowiderstand
im Meßkreis

Aus $U_a = U_B R_a/(R_a + R)$ erhält man für die am Widerstand R_a auftretende Spannungsänderung ΔU_a, die die einfallende Strahlung verursacht:

$$(7.58) \qquad \Delta U_a = -\,U_B\,\frac{R_a\,\Delta R}{(R+R_a)^2} \qquad \text{für } \Delta R \ll R,$$

bzw. mit Gl.(7.57)

$$(7.59) \qquad \Delta U_a = U_B\,\frac{R_a/R}{(1+R_a/R)^2}\,\frac{\tau}{nV}\,\frac{\eta P}{h\nu}.$$

Bei Leistungsanpassung zwischen Lastwiderstand und Photowiderstand, $R_a = R$, wird ΔU_a am größten, und die spektrale Empfindlichkeit des Detektors vereinfacht sich zu folgender Beziehung:

$$(7.60) \qquad S(\lambda) = \frac{\Delta U_a}{P} = \frac{U_B}{4}\,\frac{\tau}{nV}\,\frac{\eta(\lambda)}{h\nu}.$$

Die Ladungsträgerdichte n ohne Strahlung ist durch thermische
Anregung bestimmt; durch Kühlung des Photowiderstandes kann sie

erniedrigt werden. Eine hohe Lebensdauer der Ladungsträger ist in
diesem Zusammenhang wünschenswert, doch begrenzt sie andererseits
gerade die Bandbreite des Detektors [7.15]; die obere Grenzfrequenz ist $\nu_g = 1/(2\pi\tau)$.

Photowiderstände decken den Bereich vom Sichtbaren bis ins ferne
Infrarot ab, und Tabelle 7.1 gibt einige Beispiele mit dem nutzbaren Wellenlängenbereich sowie der Detektorbetriebstemperatur an.

Tabelle 7.1: Photoleiter

Eigenphotoleiter			Störstellenphotoleiter		
Material	Bereich in µm	T/K	Material	Bereich in µm	T/K
Cd S	0,5 - 0,9	295	Ge : Au	1 - 9	77
Pb S	0,6 - 3,0	295	Ge : Cu	6 - 29	4,2
Pb S	0,7 - 3,8	77	Ge : Zn	7 - 40	4,2
Pb Se	0,9 - 4,6	295	Ge : Sb	40 -140	4,2
In Sb	0,5 - 6,5	195			
Hg Cd Te	2 - 24	77			

Das _Rauschen_ setzt sich zusammen aus dem Generations-Rekombina-
tionsrauschen und dem thermischen Rauschen des Last- und Photowiderstandes.

7.5.2   Photoelemente und Photodioden

Photoelemente und Photodioden sind physikalisch gleiche Halblei-
ter-Bauelemente, sie unterscheiden sich lediglich durch die elektrische Betriebsweise. Beide benutzen den inneren Photoeffekt in
der pn-Übergangsschicht, die sich zwischen aneinandergrenzenden p-
und n-Halbleitermaterialien ausbildet.

Infolge des Konzentrationsgefälles diffundieren Elektronen aus dem
n-Gebiet in das p-Gebiet, wo sie mit den Löchern rekombinieren,

und umgekehrt diffundieren Löcher aus dem p-leitenden Material in den n-Bereich, in dem sie mit den Elektronen rekombinieren. Diese Diffusion baut so eine an beweglichen Ladungsträgern verarmte elektrische Doppelschicht, eine Raumladungsschicht, an der Grenze beider Bereiche auf, da im n-Halbleiter positiv geladene Donator-Ionen und im p-Halbleiter negativ geladene Akzeptor-Ionen zurückbleiben. Die Raumladung erzeugt ihrerseits ein elektrisches Feld, das einen dem Diffusionsstrom entgegengesetzt gerichteten Feldstrom zur Folge hat. Im Gleichgewicht heben sich am pn-Übergang Diffusion- und Feldstrom gerade auf. Die Fermi-Energie E_F ist dann im n- und p-Bereich gleich groß, und den gesamten Potentialsprung über die Raumladungsschicht bezeichnet man als Diffusionsspannung U_D. Fig. 7.13 zeigt den pn-Übergang im Bändermodell mit der zugehörigen Raumladungsdichte $\rho(x)$.

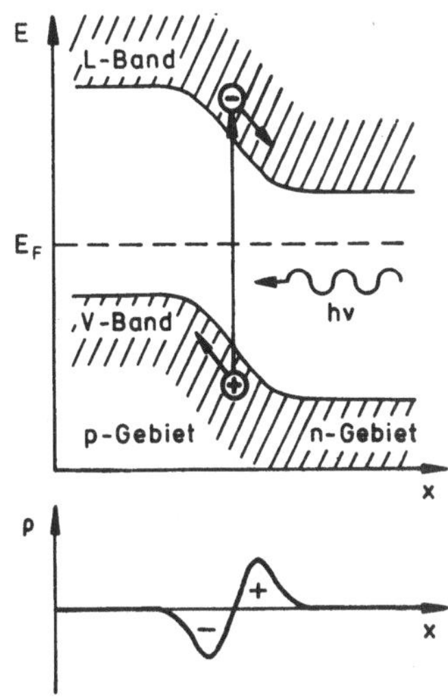

Fig. 7.13: Bändermodell und Raumladungsdichte des pn-Übergangs

Die Absorption eines Photons in der pn-Übergangsschicht führt zur Entstehung eines freien Elektron-Loch-Paares. Im Raumladungsfeld wandern die Elektronen in das n-Gebiet, die Löcher in das p-Gebiet, und werden die Enden des Halbleiters durch einen äußeren Leiter kurzgeschlossen, fließt entsprechend in diesem Stromkreis ein Kurzschlußphotostrom, der wieder der Zahl der einfallenden Photonen und damit dem Strahlungsfluß über viele Größenordnungen proportional ist. In Meßschaltungen versucht man daher, den Widerstand des Anzeigegeräts so klein wie möglich zu halten. Die Leerlaufspannung bei offenem Stromkreis hängt dagegen logarithmisch vom Strahlungsfluß ab [7.7], und im Ersatzschaltbild wird dieser Detektor dann als Stromquelle dargestellt, bei dem sowohl Innenwiderstand als auch Kurzschlußstrom von der Bestrahlungsstärke abhängen. Der Vorteil dieser Betriebsweise als <u>Photoelement</u> ist, daß keine äußere Spannung notwendig ist. Als Solarzellen zur Gewinnung elektrischer Energie aus Sonnenlicht finden sie ebenfalls breite Anwendung.

Bei Betrieb als <u>Photodiode</u> wird eine äußere Spannung U<0 so an den Halbleiter angelegt, daß die Potentialbarriere U_D vergrößert wird (positiver Pol an die n-Zone, negativer Pol an die p-Zone). Elektronen werden dann aus dem Bereich des pn-Übergangs zum Pluspol, die Löcher zum Minuspol herausgezogen, die an beweglichen Ladungsträgern verarmte Übergangsschicht (Sperrschicht) verbreitert sich, ihr elektrischer Widerstand nimmt zu; es fließt nur ein sehr kleiner Feldstrom I_D (Sättigungssperrstrom), die Diode ist in Sperrichtung gepolt.

Die Absorption von Photonen geeigneter Wellenlänge in der Sperrschicht führt wieder zu Elektron-Loch-Paaren; die Ladungsträger bewegen sich im starken Feld der Raumladungsschicht, und zum Sättigungssperrstrom kommt additiv ein dem einfallenden Strahlungsfluß P proportionaler Photostrom I:

$$(7.61) \quad I = -\frac{e\eta P}{h\nu}.$$

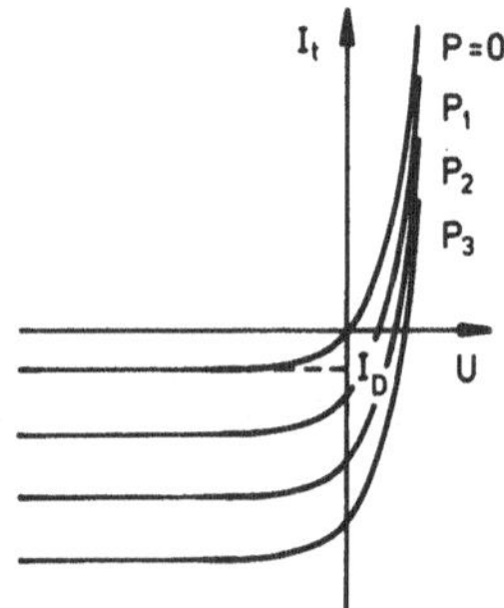

Fig. 7.14: Kennlinien
$I_t = I_0 + I = f(U)$
einer Photodiode

Die Quantenausbeute η gibt die pro eingestrahltes Photon erzeugten Ladungsträgerpaare an. Ein Vorteil des Diodenbetriebs wird offenkundig, wenn man die Kennlinien der Photodioden betrachtet. Fig. 7.14 zeigt die Strom-Spannungscharakteristik für verschiedene Strahlungsflüsse P. Der Strom ist unabhängig von der in Sperrichtung angelegten Spannung, solange sie nur genügend groß gewählt wird. Der Lastwiderstand im äußeren Stromkreis kann daher im Gegensatz zum Photoelement relativ groß sein, ohne daß die an ihm abfallende Spannung den Photostrom und damit den linearen Zusammenhang zwischen diesem und dem einfallenden Strahlungsfluß zerstört.

Das Frequenzverhalten der Photodioden wird im wesentlichen durch die Kapazität der Sperrschicht und den Lastwiderstand bestimmt. Da mit steigender Sperrspannung die Raumladungszone breiter wird und somit die Sperrschichtkapazität sinkt, sollte man für eine hohe Grenzfrequenz mit der Betriebsspannung möglichst bis an die zulässige Grenze gehen. Schnelle Photodioden bis in den GHz-Bereich sind so realisierbar. Letztlich setzt allerdings die Ladungsträgerdiffusion die erreichbare Grenze [5.8].

Einige Spezialausführungen bieten für spezifische Anwendungen weitere Vorteile. Die pin-Photodiode enthält zwischen dem p- und n-dotierten Bereich eine breite, hochohmige Zone mit Eigenleitung (englisch: intrinsic zone), in der durch die einfallende Strahlung die Elektron-Loch-Paare entstehen. Das von der angelegten Sperrspannung in dieser Zone erzeugte Feld ist nahezu konstant, im Inneren existiert keine Raumladung. Diese eingefügte Eigenleitungsschicht führt effektiv zu kleinen Sperrschichtkapazitäten,

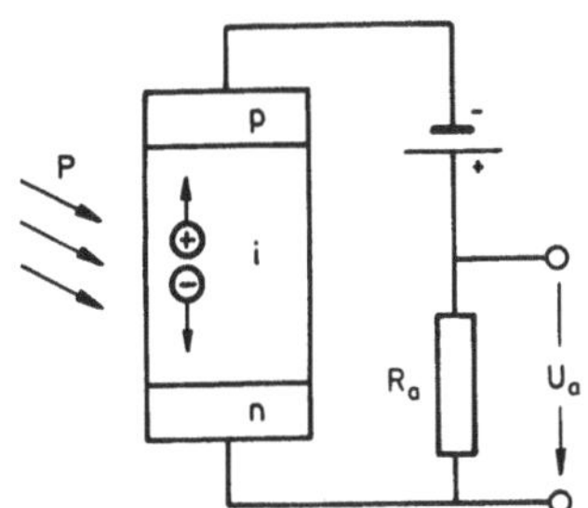

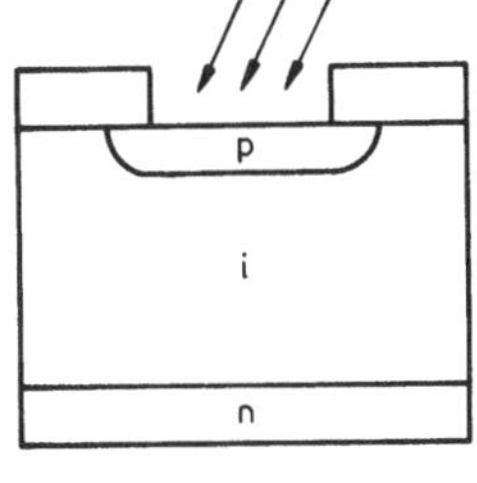

Fig. 7.15: Aufbau einer pin-Photodiode

Fig. 7.16: Schematische Struktur einer pin-Photodiode mit Fronteinstrahlung

die jetzt auch nahezu spannungsunabhängig sind, und damit ermöglichen diese Dioden große Bandbreiten. Hinzu kommt wegen des hohen Widerstands der Schicht ein besonders niedriger Dunkelstrom. Fig. 7.15 zeigt den Aufbau der pin-Photodiode und Fig. 7.16 die schematische Struktur. Die einfallende Strahlung muß die p-Schicht durchdringen, die daher nicht zu dick sein darf.

Lawinen-Photodioden (Avalanche-Photodioden) werden mit einer so hohen Sperrspannung (einige hundert Volt) betrieben, daß die im elektrischen Feld beschleunigten Ladungsträger genügend Energie aufnehmen, um ihrerseits durch Stoßionisation weitere Ladungsträger freizusetzen: die primär durch Photonen erzeugten freien Elektronen und Löcher vermehren sich so lawinenartig. Das Produkt aus Bandbreite (ν_g) und Verstärkung (M) ist dabei eine charakteristische Diodengröße, und Werte von $\nu_g M = 200$ GHz werden für sehr schnelle Dioden zitiert [5.4].

Der Phototransistor stellt die Integration einer Photodiode mit einem nachgeschalteten Transistor dar. Der pn-Übergang zwischen dem Kollektor und der Basis ist die lichtempfindliche Raumladungszone, und der erzeugte Photostrom wird um die Stromverstärkung des Transistors erhöht. Typische Verstärkungswerte liegen zwischen 100 und 700. Da die Verstärkung selbst aber eine stromabhängige Größe ist, ändert sich der Ausgangsstrom nicht streng linear mit dem auftreffenden Strahlungsfluß, und Phototransistoren werden für Meßzwecke daher kaum eingesetzt.

Bringt man schließlich ein Metall und einen Halbleiter zusammen, bildet sich auch hier eine Doppelschicht mit ähnlichen Eigenschaften aus, wie sie ein pn-Übergang hat. Photodioden mit einem derartigen Übergang werden als Schottky-Barriere-Photodioden bezeichnet.

Zum Rauschen der Photodioden tragen wieder bei das Schrotrauschen des Photostroms und des Dunkelstromes, das thermische Rauschen der Widerstände sowie ein zusätzliches Rauschen bei Lawinenphotodioden, da der Multiplikationsprozess statistischer Natur ist. Durch Kühlung der Dioden kann der Dunkelstrom verkleinert werden.

Das wichtigste Halbleitermaterial für Photodioden im sichtbaren und nahen infraroten Bereich ist Silizium. Durch entsprechende Dotierung wird es n- und p-leitend gemacht. Die hochentwickelte

Siliziumtechnologie erlaubt die Herstellung einer breiten Palette von Detektoren, deren einzelne Kenndaten (spektrale Empfindlichkeit, Anstiegszeit, Dunkelstrom, Linearität, Innenwiderstand, aktive Fläche, Abmessungen) jeweils in Bezug auf bestimmte Anwendungen optimiert sind [7.9], [7.25]. Ge-Dioden haben einen breiteren spektralen Empfindlichkeitsbereich, doch ist ihr Dunkelstrom sehr viel größer, ihre Rauscheigenschaften sind daher erheblich ungünstiger. Für das nahe Infrarote sind außerdem InGaAsP-Detektoren zu erwähnen. Tabelle 7.2 enthält dazu weitere, gebräuchliche Diodenmaterialien für den Infrarotbereich mit Angabe der Betriebstemperatur.

Tabelle 7.2: Photodioden

Material	Bereich in µm	T/K	Material	Bereich in µm	T/K
Si	0,4 - 1,1	295	InAs	0,6 - 3,2	77
Ge	0,5 - 1,8	295	InSb	0,6 - 5,6	77
InGaAsP	1 - 1,7	295	HgCdTe	2 - 15	77
InAs	1 - 3,7	295	PbSnTe	8 - 12	77

7.5.3 Halbleiterzähler

Trifft auf eine pin-Diode energiereiche Strahlung (Röntgen- oder γ-Quanten, α- oder β-Teilchen), erzeugt diese auf ihrem Weg durch den Halbleiter Elektron-Loch-Paare. Ist eine Spannung in Sperrichtung angelegt, fließen die in der Sperrschicht erzeugten Ladungsträger wie bei der Photodiode beschrieben zu den Elektroden ab, und im äußeren Kreis ist ein entsprechender Strom meßbar. Der Halbleiterdetektor wirkt so im Prinzip wie eine Ionisationskammer (s. Abschn. 7.6.1), wobei der Unterschied darin besteht, daß das Medium fest und nicht gasförmig ist und daß zur Erzeugung eines Ladungsträgerpaares weniger Energie erforderlich ist. Diese Energie ε beträgt bei Silizium 3,6 eV und bei Germanium 2,8 eV. Bei vorgegebener Teilchenenergie ist daher die Zahl der erzeugten Ladungsträger im Festkörper am größten und damit der relative

Fehler am kleinsten. Bei hohen Feldstärken in der Verarmungszone erreicht man sehr hohe Driftgeschwindigkeiten der Ladungsträger und damit kurze Anstiegszeiten der Stromimpulse in der Größenordnung 1 µs bis 0,1 ns je nach Dicke der Übergangsschicht. Neben Detektoren mit pin-Struktur werden auch solche mit einem pn-Übergang oder einer Oberflächensperrschicht (Doppelschicht am Metall-Halbleiter-Übergang) benutzt.

Die pin-Struktur erlaubt besonders dicke Sperrschichten. Diese Detektoren werden heute hauptsächlich nach dem Lithium-Drift-Verfahren hergestellt. Man beginnt mit einem p-leitenden Ausgangsmaterial, z.B. Bor-dotiertem Silizium. Das Lithium wird entweder auf einer Seite auf den Kristall aufgedampft oder in einer Öl-Suspension aufgetragen. Unter Einwirkung eines elektrischen Feldes driften die Lithiumionen durch den Halbleiterkristall und kompensieren die vorhandenen Akzeptoren, da sie selbst als Donatoren wirken. Es entsteht so praktisch ein eigenleitender Kristall, in der Nähe der Oberfläche bleibt eine n-leitende Schicht zurück. Der gesamte Halbleiter muß während des Vorgangs auf höherer Temperatur gehalten werden, damit eine geeignete Ionenbeweglichkeit erreicht wird. Selbstverständlich kann der Drift-Prozeß durch Temperatur und elektrisches Feld gesteuert werden. Das Verfahren wird sowohl auf Silizium als auch auf Germanium angewandt, und die Detektoren werden mit Si(Li) und Ge(Li) bezeichnet.

Die Anwendungen der Halbleiterzähler in der Kern- und Hochenergiephysik und allen mit diesen zusammenhängenden Gebieten sind zahlreich und in der relevanten Literatur ausführlich beschrieben [7.6; 7.18; 7.17; 7.26]. Die Auswahl eines bestimmten Halbleiterzählers wird im allgemeinen durch die vorgesehene Verwendung beeinflußt, wobei die benötigte Sperrschichtbreite ein wichtiger Gesichtspunkt ist. Zu beachten ist allerdings, daß durch zu hohe Strahlungsdosen im Halbleiter Strahlenschäden hervorgerufen werden, die diese Detektoren unbrauchbar machen und damit ihre Verwendung begrenzen.

In der Teilchenspektroskopie ermöglichen die Halbleiterzähler eine ausgezeichnete Energieauflösung. Trifft ein geladenes Teilchen auf den Halbleiter, erzeugt es Elektron-Loch-Paare nicht nur durch primäre direkte Stoßprozesse: die zunächst entstehenden energetischen Elektronen verlieren ihre Energie in einer Reihe von Sekundärprozessen, die zu weiteren Trägerpaaren führen. Für die praktische Anwendung ist dabei von Bedeutung, daß die mittlere Energie ε zur Erzeugung eines Elektron-Loch-Paares nahezu unabhängig ist sowohl von der Energie E_O der einfallenden Teilchen als auch von der Teilchensorte. Da der Bandabstand im Halbleiter schwach mit abnehmender Temperatur kleiner wird, ist eine entsprechende Zunahme von ε bei niedrigeren Temperaturen festzustellen.

Wird ein einfallendes Teilchen vollständig in der Sperrschicht absorbiert (die Reichweiten in Si und Ge sind für verschiedene Teilchen in der o.a. Literatur zitiert), ergibt sich die Zahl der erzeugten Elektron-Loch-Paare zu $N = E_O/\varepsilon$, und der Ausgangsimpuls des Detektors ist damit proportional zur Energie E_O des einfallenden Teilchens. Für die tatsächlich beobachtete Zahl der Trägerpaare würde man eine Poisson-Verteilung mit einer Varianz $\sigma_N^2 = N$ erwarten (s. Abschn. 4.2.2.3), falls die einzelnen Ionisationsereignisse voneinander unabhängig wären. Durch die bei der Abbremsung im Kristall zu berücksichtigende Gitteranregung ist dies jedoch nicht der Fall, und eine Verringerung der Varianz ist die Folge. Zu ihrer Beschreibung wird der Fano-Faktor F eingeführt [7.17]:

$$(7.62) \qquad \sigma_N^2 = FN = FE_O/\varepsilon \qquad \text{mit } F \leq 1.$$

Für Si ist $F \simeq 0{,}15$, und für Ge bei 77 K ist $F \simeq 0{,}13$. Die relative Energieauflösung der Halbleiterzähler wird somit ($\sigma_E = \varepsilon\,\sigma_N$)

$$(7.63) \qquad \sigma_E/E_O = \sqrt{F/N} = \sqrt{F\varepsilon/E_O}\,.$$

<u>Beispiel</u>: Mit einem Si-Zähler kann bei einem α-Teilchen von 5 MeV eine Energieauflösung von optimal $\sigma_E/E_O = 3 \times 10^{-4}$ erreicht werden.

Große Verbreitung haben die Detektoren insbesondere bei der Untersuchung von α-Teilchen, von Spaltfragmenten und von β-Teilchen gefunden, da nur geringe Dicken der Sperrschicht benötigt werden, um sie vollständig zu absorbieren. In der γ-Spektroskopie erschließt der Halbleiterzähler, vor allem aber der Ge(Li)-Detektor, auf Grund seiner Energieauflösung tatsächlich neue Möglichkeiten. Der lineare Absorptionskoeffizient setzt sich additiv zusammen aus den Koeffizienten für Photo-, Compton- und Paareffekt, und der Vergleich enthüllt die eindeutige Überlegenheit des Germaniums: die einzelnen Wirkungsquerschnitte wachsen mit der Ordnungszahl der Absorberatome an ($Z_{Ge} = 32$; $Z_{Si} = 14$), und zwar der für den Photo-Effekt mit Z^5, für den Compton-Effekt mit Z und für die Paarbildung mit Z^2. Dazu kommt die kleinere Energie ε, die zur Erzeugung eines Elektron-Loch-Paares notwendig ist. Allerdings muß der Ge(Li)-Detektor auf 77 K gekühlt werden. Die Entwicklung neuer Halbleitermaterialien mit noch höheren Ordnungszahlen läßt daher noch weitere Verbesserungen erhoffen.

Im Röntgenbereich werden bis etwa 40 keV im allgemeinen Si-Detektoren eingesetzt [7.2], oberhalb dieser Energie Ge-Detektoren [7.6].

7.6   Szintillationszähler

Szintillationszähler gehören zu den ältesten Strahlungsdetektoren. Das ihnen zugrunde liegende Prinzip ist äußerst einfach. Trifft ein energetisches Teilchen oder Quant auf einen geeigneten "Szintillator", so tritt als Folge der Absorption oder der Abbremsung ein kurzer Lichtblitz (Szintillation) auf, der u.U. sogar schon mit einem gut ausgeruhten Auge im Dunkeln beobachtet werden kann. Das bekannteste Beispiel sind die Szintillationen, die α-Teilchen auf einem ZnS-Schirm auslösen. In den berühmten Streuexperimenten, die Rutherford und seine Mitarbeiter Geiger und Marsden mit α-Teilchen an dünnen Goldfolien durchführten und die die Entdeckung des Atomkerns zur Folge hatten, wurden die einzelnen Lichtblitze als Funktion des Ablenkwinkels in der Tat unter einem Mikroskop gezählt.

Das menschliche Auge ist heute durch einen Photomultiplier ersetzt, und über die Strompulse an seinem Ausgang können die Teilchen bequem elektronisch gezählt werden. Generell wird man für eine gute optische Kopplung des Szintillators an die Photokathode des Vervielfachers sorgen und verbindet beide durch Lichtleiter oder setzt in den meisten Fällen den Szintillator sogar direkt vor die Photokathode. Selbstverständlich sollte dabei ein Vervielfacher ausgewählt werden, dessen spektrale Empfindlichkeit dem Spektrum der emittierten Strahlung angepaßt ist.

Werden die Teilchen vollständig im Szintillator absorbiert, erhält man wieder eine brauchbare Proportionalität zwischen Teilchen- bzw. Quantenenergie und Strompuls, wobei der Proportionalitätsfaktor allerdings von der Teilchensorte abhängt. Im Vergleich zum Halbleiterzähler ist dazu die Energieauflösung erheblich schlechter, da die Anzahl der von der Photokathode ausgelösten Elektronen bezogen auf die Energie der einfallenden Teilchen oder Quanten sehr gering ist. Im Mittel werden zur Erzeugung eines Photoelektrons etwa $\varepsilon \sim 200 \ldots 1000$ eV verbraucht [7.26]: die Szintillationsausbeute ist sehr klein, das Licht wird in alle Richtungen emittiert und im Szintillator zum Teil wieder absorbiert, die Quantenausbeute der Photokathode ist erheblich kleiner als 1. Dazu findet man einen Fano-Faktor $F \sim 1$. Für ein α-Teilchen von 5 MeV kann daher nach Gl.(7.63) mit einem Szintillationszähler nur eine Auflösung von etwa $\sigma_E/E_0 \sim 10^{-2}$ erreicht werden.

Eine ganze Reihe von Szintillatoren [7.4; 7.17; 7.26] mit verschiedenen Eigenschaften steht heute zur Verfügung, und die Auswahl richtet sich nach dem Anwendungszweck. Im allgemeinen unterscheidet man organische und anorganische Szintillatoren mit unterschiedlichen Szintillationsmechanismen. Die bekanntesten anorganischen Kristalle sind NaJ(Tl) und CsJ(Tl), und der Mechanismus der Szintillation ist im wesentlichen ein Effekt des Kristallgitters. In organischen Substanzen erfolgt die Lichtemission über die Anregung von Molekülzuständen in Fluoreszenzstoffen, gleichgültig, ob diese in einem Lösungsmittel gelöst sind (Flüssigkeits-Szintillator) oder als "feste Lösung" in einer polymerisierten Substanz (Plastik-Szintillator) vorliegen. Diese lassen sich mechanisch bearbeiten und können so in jeder gewünschten Form hergestellt werden. Selbstverständlich gibt es auch geeignete organische Kristalle, und Anthrazen ist beispielsweise der effektivste organische Szintillator überhaupt mit einer Lichtausbeute, die etwa 50% der von NaJ(Tl) beträgt.

Neben der Forderung nach einer hohen Lichtausbeute ist ein möglichst kurzes Szintillationssignal für viele Anwendungen von entscheidender Bedeutung, und Plastik-Szintillatoren sind in dieser Hinsicht eindeutig im Vorteil. Ein im Szintillator ausgelöster Lichtpuls klingt annähernd nach einer Exponentialfunktion ab, und während für NaJ(Tl) eine Abklingzeit von etwa 230 ns und für Anthrazen eine von 30 ns gefunden wird, liegt die entsprechende Zeit für viele Plastikszintillatoren zwischen 1,4 und 4 ns [7.4; 7.17].

Seine hauptsächliche Anwendung findet der Szintillationszähler bei der Untersuchung von β-Teilchen, Protonen, Deuteronen und α-Teilchen einerseits und γ- und Röntgenquanten andererseits. Hinzukommt, daß sich die organischen Szintillatoren infolge ihres großen Wasserstoffgehalts auch für den Nachweis schneller Neutronen verwenden lassen: die einfallenden Neutronen übertragen in einem Stoßprozeß ihre Energie auf Protonen, die dann ihrerseits die Szintillationen auslösen.

Schließlich zeigen eine Reihe von Szintillatoren auch ausgezeichnete Fluoreszenzeigenschaften: sie absorbieren ein Photon im weichen Röntgen- oder Vakuum-UV-Bereich und emittieren eines im Sichtbaren. Bringt man sie direkt vor der Photokathode auf einem Photomultiplier auf, erhält man auf diese Weise einen schnellen brauchbaren Detektor für diesen Spektralbereich [7.28].

7.7 Ionisationsdetektoren

Treffen Strahlen genügender Energie auf Gase, werden durch direkte Stoßionisation oder Photoionisation, aber auch auf indirektem Weg über z.B. zunächst entstehende sekundäre Teilchen Elektronen-Ionen-Paare erzeugt: man bezeichnet sie als primäre Ionisation und

ihre Messung bildet die Grundlage aller Ionisationsdetektoren
[7.1; 7.6; 7.17; 7.26]. Die einfachsten Detektoren sind dabei die
Ionisationskammern.

7.7.1 Ionisationskammern

Die praktische Ausführung der Ionisationskammern variiert nach dem
Verwendungszweck, im Prinzip bestehen sie aber aus einem gasge-
füllten Gefäß mit zwei, in den meisten Fällen ebenen oder zylin-
derförmigen Elektroden. Sie werden in der Weise betrieben, daß nur
die durch die Strahlung im Gas erzeugte primäre Ionisation gemessen wird. Fig. 7.17 illustriert eine Kammer mit ebenen Elektroden.

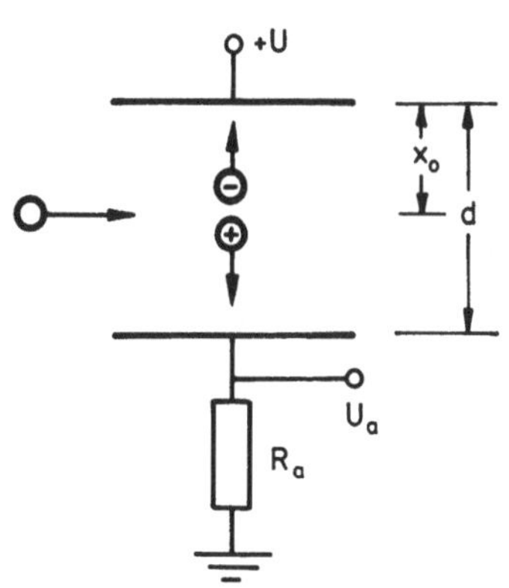

Fig. 7.17: Schema einer
Ionisationskammer

Der Plattenabstand sei d. Im homogenen Feld bewegen sich die erzeugten
Ladungsträger auf die Elektroden zu,
und im äußeren Kreis fließt dabei ein
entsprechender Strom, der am Widerstand R_a zu einem Spannungspuls U_a
Anlaß gibt. Jeder Puls zeigt an, daß
ein Teilchen die Kammer durchsetzt
hat. Sie wird im allgemeinen in Sättigung betrieben, d.h., das angelegte
Feld wird so groß gewählt, daß alle
Ladungsträger die Elektroden erreichen, ohne vorher zu rekombinieren,
allerdings auch ohne neue Ladungsträger durch Stoßionisation zu erzeugen.

Wir nehmen zunächst an, daß alle Ladungsträgerpaare (Gesamtzahl
N_o) im gleichen Abstand x_o von der positiven Elektrode zum
Zeitpunkt t = 0 entstanden sind. Bei konstanten Driftgeschwindigkeiten v^+ und v^- sind die Driftzeiten zu den jeweiligen Elektroden
$t^+ = (d-x_o)/v^+$ und $t^- = x_o/v^-$, und der von den Ionen bzw. Elektronen getragene Strom wird:

$$(7.64) \quad I^+ = N_o e\, v^+/d \quad \text{für} \quad 0 \leq t \leq t^+$$

$$I^- = N_o e \, v^-/d \quad \text{für} \quad 0 \leq t \leq t^-.$$

Die Driftgeschwindigkeit der Elektronen ist etwa 1000 mal größer als die der Ionen, und mit $t^- \ll t^+$ erhält man so einen kurzen Elektronenstrom und einen viel schwächeren, aber lang andauernden Ionenstrom.

Die gesamte Anordnung nach Fig. 7.17 stellt nichts anderes dar als eine Kapazität C und einen Widerstand R_a mit einer Stromquelle $I = I^+ + I^-$, und Fig. 7.18 zeigt das zugehörige Ersatzschaltbild.

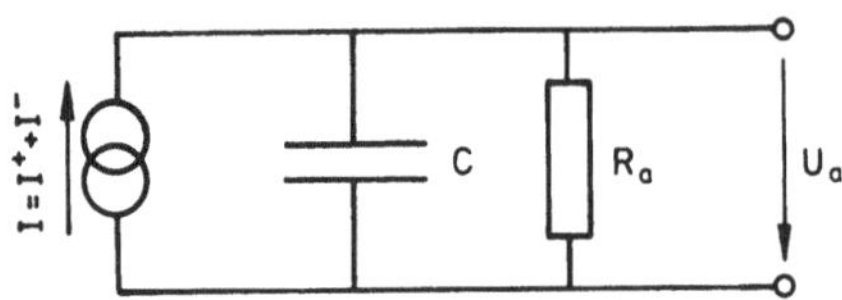

Fig. 7.18: Ersatzschaltbild einer Ionisationskammer

Die Kirchhoffsche Knotenregel liefert die Gleichung

$$(7.65) \quad I = I^+ + I^- = C \frac{dU_a}{dt} + \frac{U_a}{R_a}.$$

Ihre Lösung ergibt sich mit Hilfe der sog. Variation der Konstanten zu [6.8]:

$$(7.66) \quad U_a(t) = \frac{1}{C} e^{-t/R_a C} \int_0^t I(t) \, e^{t/R_a C} dt.$$

Wir betrachten zunächst den Fall einer großen Zeitkonstanten $R_a C \gg t^+$. Mit den Gln.(7.64) liefert Gl.(7.66):

$$(7.67) \quad U_a^+(t) = \frac{N_o e v^+}{Cd} t \quad \text{für} \quad 0 \leq t \leq t^+$$

$$U_a^-(t) = \frac{N_o e v^-}{Cd} t \quad \text{für} \quad 0 \leq t \leq t^-.$$

Sowohl die Elektronen als auch die Ionen verursachen einen Spannungspuls, der zunächst jeweils linear mit der Zeit ansteigt und nach dem Maximum mit der großen Zeitkonstanten $R_a C$ abfällt. Die Elektronen haben allerdings die Anode schon erreicht, ehe sich die

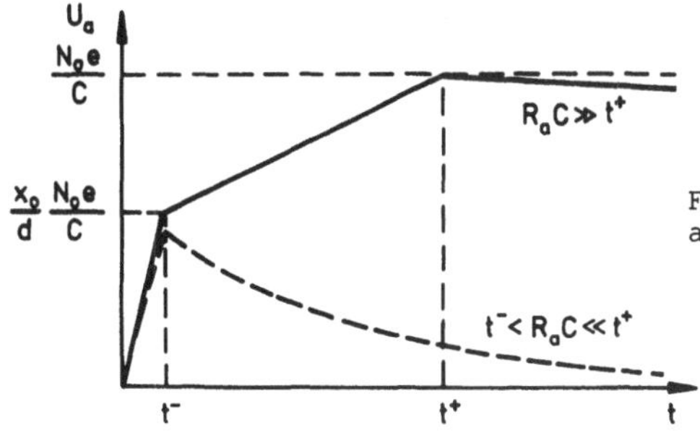

Fig. 7.19: Spannungspuls an einer Ionisationskammer

Ionen praktisch überhaupt von der Stelle bewegt haben. Das durch den Elektronenstrom bedingte Maximum ist $U_a^-(t^-) = N_0 e x_0/Cd$. Die Gesamtspannung steigt dann langsamer an, bis auch die Ionen an der Kathode angekommen sind (Fig. 7.19):

$$(7.68) \quad U_a(t^+) = \frac{N_0 e}{Cd}(v^+ t^+ + v^- t^-) = \frac{N_0 e}{C}.$$

Die maximale Spannung ist damit unabhängig vom Ort x_0 der Entstehung der Ladungsträgerpaare und ihrer primär gebildeten Zahl direkt proportional. Leider fordert die große Driftzeit der Ionen, die typisch von der Größenordnung Millisekunden ist, so große Zeitkonstanten, daß die Zählraten auf etwa 100 bis 1000 Teilchen pro Sekunde begrenzt sind.

Durch Wahl einer kleineren Zeitkonstante $t^- < R_a C \ll t^+$ kann man sich allerdings auch nur auf den Elektronenstrom beschränken, und die gestrichelte Kurve der Fig. 7.19 zeigt einen sich ergebenden Spannungspuls: die Pulshöhe ist immer noch der Zahl N_0 der primär erzeugten Ladungsträgerpaare proportional, die mögliche Zählrate dagegen ist etwa um den Faktor 1000 höher. Leider hängt das Signal jetzt auch vom Entstehungsort x_0 der Ladungsträger ab. In den sog. *Gitterkammern* behebt man diesen Nachteil, indem man zwischen Anode und Kathode ein Gitter einbaut [7.17; 7.26].

Neben diesen *Impulsionisationskammern* werden zahlreiche Ausführungen auch zur Messung eines konstanten Flusses einfallender Teilchen oder Quanten benutzt. Bei $R_a C \gg t^+$ mißt man dazu den mittleren Strom, der natürlich ebenfalls der Primärionisation proportional ist. Man spricht dann von einer *Stromionisationskammer*. Ihre vornehmliche Anwendung finden diese Kammern in der Dosimetrie von radioaktiver und Röntgenstrahlung, da man hier an der über eine längere Zeit integrierten Dosis interessiert ist. γ-Strahlen ionisieren dabei über an den Wänden ausgelöste Sekundärelektronen. Generell sind die von Ionisationskammern gelieferten Ströme sehr klein (nA bis pA), so daß an die zugehörigen Meßverstärker hohe Anforderungen gestellt werden müssen.

Die einzelnen Spannungspulse sind ebenfalls relativ niedrig, doch bei stark ionisierender Strahlung ohne weiteres meßbar. Für α-Teilchen ist beispielsweise die mittlere Energie zur Erzeugung eines Elektron-Ion-Paares in Argon $\varepsilon = 25,9$ eV, so daß an einer Kammer mit $C = 100$ pF ein 5 MeV α-Teilchen einen Spannungspuls von $U_a = 0,3$ mV hervorruft.

Argon, aber auch Luft bei Atmosphärendruck sind häufige Füllgase; Ausführungen bis zum dreißigfachen Überdruck werden benutzt. Mit BF_3 als Füllgas können schließlich sogar thermische Neutronen nachgewiesen werden. Über die Reaktion

$$(7.69) \qquad ^{10}B + n \rightarrow {}^7Li + \alpha + 2,79 \text{ MeV},$$

die im Bereich langsamer Neutronen einen besonders hohen Wirkungsquerschnitt hat, entstehen energetische α-Teilchen, die dann die Ionisation des Gases bewirken.

7.7.2 Proportionalzähler

Erhöht man in der Ionisationskammer die angelegte Spannung, gewinnen die Elektronen zwischen zwei Stößen mit Gasatomen genügend Energie, um Atome zu ionisieren. Der Vorgang kann sich mehrfach wiederholen, wobei die neu entstandenen Elektronen natürlich ihrerseits am Ionisationsprozeß teilnehmen. Die Zahl der Elektronen vervielfacht sich auf diese Weise, es entsteht eine Elektronenlawine:

(7.70) $dN = \alpha N(x)dx$.

α wird als 1. *Townsend'schen Ionisationskoeffizient* bezeichnet und beschreibt die Zahl der Ionenpaare, die von einem Elektron pro Weglängeneinheit gebildet werden. In der ebenen Anordnung der Fig. 7.17 wird damit die Zahl der Elektronen im Abstand x von der Anode

(7.71) $N = N_O \, e^{\alpha(x_O-x)}$,

und auf der Anode selbst

(7.72) $N = N_O e^{\alpha x}O$.

Der Faktor $M = e^{\alpha x}O$ wird der Gasverstärkungsfaktor genannt, und um ihn ist auch der meßbare Spannungspuls im Vergleich zur Ionisationskammer erhöht:

(7.73) $U_{a,max} = M \, N_O e/C$.

Dieser Proportionalität zwischen Spannung (und auch Strom) und der Primärionisation N_O verdankt der Detektor seine Bezeichnung. Bei zu hoher Gesamtionisation beginnen allerdings Raumladungseffekte die Proportionalität zu stören. α hängt natürlich von der Gasart, vom Gasdruck sowie von der elektrischen Feldstärke ab, und entsprechende Werte können der Literatur [7.36] entnommen werden. Im inhomogenen Feld wird der Gasverstärkungsfaktor:

(7.74) $M = e^{\int \alpha dx}$.

Proportionalzähler werden im Gegensatz zu den Ionisationskammern fast ausschließlich in zylindrischer Geometrie ausgeführt. In der Achse eines Rohres wird dazu isoliert ein dünner Draht von typisch 20 bis 100 µm Dicke gespannt und als Anode beschaltet. Als Füllgas dient vorzugsweise Argon mit einem Zusatz von Methan oder Alkohol. Eine Mischung aus 90% Argon und 10% Methan ist wohl das am häufigsten benutzte Zählergas und unter der Bezeichnung P-10 Gas bekannt. Der Fülldruck variiert von 1 bis 1000 hPa.

Die Zylindergeometrie hat den Vorteil, daß bei relativ niedriger angelegter Spannung U in der Drahtnähe sehr hohe Feldstärken erreicht werden. Bezeichnet man den inneren Radius des Rohres mit r_a und den Radius den Drahtes mit r_i, ist bekanntlich das elektrische Feld als Funktion des Radius:

$$(7.75) \quad E(r) = \frac{1}{r} \frac{U}{\ln (r_a/r_i)}$$

Bei $r_a = 1$ cm, $r_i = 20$ µm und $U = 1000$ V erhält man z.B. auf der Drahtoberfläche bereits eine Feldstärke von $E = 8 \times 10^4$ V/cm. Die Elektronen driften daher in einem zunächst schwachen elektrischen Feld bis in unmittelbare Nähe des Drahtes, ehe die Sekundärionisationsprozesse einsetzen. Der Ausgangspunkt der Elektronenlawinen ist so auf einige freie Weglängen um den Draht beschränkt. Dies hat zur Folge, daß die Elektronenlawinen die Anode sehr schnell erreichen und der von ihnen hervorgerufene Spannungspuls entsprechend klein ist: er steigt schnell an, beträgt aber nur einige Prozent des Gesamtpulses. Der weitere Impulsanstieg wird durch die langsamere Ionendriftbewegung bestimmt, so daß sich für den Gesamtpuls wieder eine Dauer von der Größenordnung 0,1 bis 1 ms ergibt. Es ist daher üblich, den Puls mit einem CR-Glied (s. Fig. 5.8) zu differenzieren, wobei Zeitkonstanten von etwa 1 µs typisch sind. Hohe Zählraten werden so möglich.

Die Anwendungen entsprechen generell denen der Ionisationskammern. Wegen der hohen Gasverstärkung eignen sie sich aber besonders zur Zählung und Messung energiearmer Teilchen sowie weicher γ- und Röntgenstrahlung.

In der *Vieldraht-Proportionalkammer* bringt man sehr viele Anodendrähte parallel zueinander in einer gemeinsamen Kammer an [7.16]. Primär erzeugte Elektronen driften auf den nächsten Anodendraht, in dessen Nähe dann die übliche Lawinenbildung einsetzt. Die einzelnen Anodendrähte wirken als unabhängige Detektoren, und neben der üblichen Energieinformation erhält man aus dem jeweiligen Spannungspuls auch den Ort, an dem das Teilchen oder Quant in die Kammer eintrat.

7.7.3 Auslösezähler

Eine genauere Untersuchung der Prozesse im Proportionalzähler
enthüllt, daß neben der Stoßionisation auch Elektronenstoßanregung
atomarer oder molekularer Zustände auftritt, die dann durch Emission eines Quants im Sichtbaren oder UV-Bereich zerfallen. Besitzen diese Photonen eine genügend große Energie, können sie aus dem
Kathodenmaterial durch den Photoeffekt zusätzliche Elektronen
erzeugen und bei Gasgemischen sogar die Komponente mit einer
kleineren Ionisationsenergie ionisieren. Die so gebildeten "Photoelektronen" führen natürlich ihrerseits ebenfalls zu Elektronenlawinen, in denen durch neue Photoelektronen tertiär weitere Lawinen ausgelöst werden, usw.

Bezeichnet man mit γ die Wahrscheinlichkeit, daß bei der Lawinenbildung neben $N_o M$ Elektronen noch $(N_o M)\gamma$ Photoelektronen gebildet
werden, die durch Lawinen auf $(N_o M)\gamma M$ verstärkt werden, erhält man
bei Fortführung dieser Überlegung eine totale Elektronenzahl

$$(7.76) \quad N = N_o M + N_o M^2 \gamma + N_o M^3 \gamma^2 + \ldots$$

$$= N_o M(1 + M\gamma + M^2 \gamma^2 + \ldots).$$

Für $M\gamma < 1$ wird

$$(7.77) \quad N = N_o \frac{M}{1 - \gamma M}.$$

Solange $\gamma M < 1$ ist, bleibt die Proportionalität zwischen der Gesamtionisation (N) und der Primärionisation (N_o) gewahrt. Oft
mischt man dem Zählergas sogar bestimmte Zusätze bei, die die UV-
Quanten absorbieren, ohne ionisiert zu werden: es bleibt so $\gamma M \ll 1$.
Kommt man durch Steigerung der Spannung am Zählrohr allerdings in
den Bereich $\gamma M \sim 1$, ist das Ende des Proportionalbereichs erreicht. Die energetischen Photonen führen zu Photonelektronen im
ganzen Volumen, und die ursprünglich lokalisierte Entladung breitet sich in weniger als 1 µs über den ganzen Zähler aus. Die

freigesetzte Ladungsmenge ist dabei unabhängig von der Primärionisation, und man bezeichnet diesen Bereich den *Auslösebereich* und nennt Zähler, die so betrieben werden, *Auslösezähler, Geiger-Müller-Zähler* oder kurz auch nur *Geiger-Zähler*.

In relativ kurzer Zeit von 10^{-8}s erreichen die Elektronen den Anodendraht, und eine aus den positiven Ionen gebildete Raumladung bleibt zurück. Sie reduziert das vorher besonders hohe Feld am Draht so weit, daß weitere von der Kathode kommende Elektronen keine wesentlichen Lawinen mehr auslösen können, die Entladung kommt zum Erlöschen. Die positiven Ionen driften in Zeiten von typisch 1 ms auf die Kathode zu, dabei baut sich die Raumladung ab, das Feld steigt in Drahtnähe wieder an, das Zählrohr wird erneut zählbereit. Die auf die Kathode treffenden Ionen lösen schließlich Sekundärelektronen aus, so daß die Lawinenbildung am Anodendraht wieder einsetzt und die Entladung im Zählrohr nicht abbricht. Man muß daher den Löschprozess erzwingen.

Historisch benutzte man dazu zunächst einen hohen Arbeitswiderstand im Zählrohrkreis. Der über ihn fließende Anodenstrom führt zu einem so großen Spannungsabfall, daß die momentane Anodenspannung $U-IR_a$ unter die Einsatzspannung für den Auslösebereich sinkt. Leider erlauben diese Zähler nur sehr kleine Zählraten. Bei den *selbstlöschenden Zählrohren* setzt man dem Zählgas, meist ein Edelgas, sog. Löschgase wie z.B. Äthanol, Methan, Isobutan und Methylal zu: sie absorbieren einerseits die UV-Quanten und verhindern die Entstehung von Photoelektronen, andererseits reduzieren sie die Auslösung von Sekundärelektronen durch auf die Kathode treffende Zählergasionen, da sich diese durch Stöße mit den Molekülen des Löschgases umladen und diese Ionen nicht genügend Energie zur Sekundärionisation an Metallen aufnehmen. Der Arbeitswiderstand kann so erheblich kleiner gewählt werden und höhere Zählraten werden möglich.

Das Zeitintervall von der Zündung einer Entladung bis zur Wiedererreichung des Arbeitspunktes bezeichnet man als *Erholungszeit*; die positive Ladungswolke hat dann die Kathodenoberfläche erreicht. Andererseits kann der Zähler aber schon vorher neue Lawinen mit geringerer Stärke bilden, sobald die Raumladung genügend abgebaut ist. Das entsprechende Zeitintervall wird die *Totzeit* des Zählers, genannt.

Leider zersetzen sich die organischen Löschzusätze durch Dissoziation, und die Zählrohre werden nach etwa 10^9 Impulsen unbrauchbar. In den <u>Halogen-Zählrohren</u> hat man daher dem Zählgas Halogene in geringen Mengen zugesetzt, die zwar auch während der Entladung dissoziieren, dann aber wieder zu Molekülen rekombinieren. Die Lebensdauer ist damit praktisch unbegrenzt.

Als reine Zähler dienen diese Detektoren in der Hauptsache zur Registrierung von α- und β-Teilchen, von γ- und Röntgenquanten [7.17; 7.26].

Wenn man den Weg verliert,
lernt man ihn kennen.
Suaheli

8. Hochauflösende Spektroskopie

8.1 Überblick

Aus dem breiten Spektrum der Meßverfahren greifen wir einige
Methoden der hochauflösenden Spektroskopie heraus, die beispiel-
haft für ein Gebiet zeigen, welcher Bereich an Möglichkeiten dem
Physiker für seine Aufgaben heute zur Verfügung steht, ganz unabhängig davon, ob die jeweilige Arbeit anwendungsorientiert ist
oder an den Grenzen unseres physikalischen Verständnisses zu neuen
Erkenntnissen führen soll.

Spektroskopische Untersuchungen im optischen Bereich standen so am
Anfang der Erforschung atomarer Strukturen, und zusammen mit entsprechenden Methoden im Infraroten und im Bereich der Mikro- und
Radiowellen einerseits sowie Verfahren der Röntgen- und γ-Spektro-
skopie andererseits führten sie zu unserer heutigen Kenntnis der
Atome und Moleküle. Verbesserungen ermöglichten immer präzisere
Bestimmungen der Wellenlänge von Spektrallinien, ihrer Profile
bzw. ihrer Aufspaltungen und Verschiebungen auch unter dem Einfluß
äußerer Felder oder anderer Teilchen. Spektralapparate mit höch-
stem Auflösungsvermögen erlaubten schließlich die Beobachtung der
Hyperfeinstruktur sichtbarer Linien, in der sich die Wechselwirkungen der Hüllenelektronen mit den Atomkernen widerspiegeln.

Unter den klassischen Spektralgeräten erreichen Interferometer das
höchste Auflösungsvermögen $\lambda/\Delta\lambda$, das bei 10^7 und darüber liegen
kann. Damit wird eine Meßgenauigkeit möglich, bei der die thermische Bewegung der strahlenden Atome letztlich die gemessene Breite
der Spektrallinien bestimmt. Selbstverständlich muß die Dichte der
Atome so gering sein, daß die Verbreiterung durch Stöße vernachlässigbar bleibt. (Die Untersuchung dieser sog. Druckverbreiterung
kann natürlich gegebenenfalls eine eigene Aufgabe sein.) Die Bewegung der Atome verursacht durch den Doppler-Effekt eine Frequenzverschiebung $\Delta\omega/\omega_o = v/c$, wobei v die Geschwindigkeitskomponente in Richtung auf den Beobachter zu ist. Bei einer Maxwellschen Geschwindigkeitsverteilung entsprechend der Temperatur T
führt dies zu einem Linienprofil, das durch eine Gauß-Verteilung

gegeben ist (s. Abschn.4.2.2.1); es wird kurz Gauß-Profil genannt. Die volle Halbwertsbreite γ_G dieses Profils (Linienmitte bei ω_0) ist:

$$(8.1) \qquad \gamma_G = 2 \, \frac{\omega_0}{c} \, \sqrt{\frac{2kT}{M} \ln 2} \; .$$

k ist die Boltzmann-Konstante und M die Masse des Atoms oder Moleküls. In Wellenlängeneinheiten läßt sich die volle Halbwertsbreite $\Delta\lambda_{1/2}$ schreiben:

$$(8.2) \qquad \Delta\lambda_{1/2} = 7{,}16 \times 10^{-7} \, \lambda_0 \, \sqrt{\frac{T/K}{A_r}}.$$

A_r ist die relative Atom- oder Molekülmasse. Für Spektrallinien des Neonatoms ($A_r = 20$) erhält man so bei Zimmertemperatur ein Verhältnis $\Delta\lambda_{1/2}/\lambda_0 \approx 2{,}7 \times 10^{-6}$, für Wasserstoff ist es sogar $1{,}2 \times 10^{-5}$. Strukturen bzw. Linienbreiten kleiner als diese Doppler-Breiten können daher trotz genügender Auflösung des Spektralapparats nicht untersucht werden. Man hat zwar versucht, den Einfluß des Doppler-Effekts dadurch zu reduzieren, daß man gut kollimierte Atomstrahlen benutzte und senkrecht zur Richtung des Strahls beobachtete [8.2], doch diese mit großen Schwierigkeiten verbundenen Experimente wurden durch die Methoden der hochauflösenden Laserspektroskopie überholt. Diese gestatten es, die Doppler-Verbreiterung völlig auszuschalten und eine Auflösung zu erzielen, die nur durch die natürliche Linienbreite des betreffenden Übergangs begrenzt wird. Zur Zeit liegt die technisch erreichbare Grenze bei einer Auflösung von ungefähr 10^{12}, doch hofft man, bis in den Bereich von 10^{14} vorstoßen zu können: damit eröffnen sich neue Perspektiven für Experimente von prinzipieller Bedeutung, wie beispielsweise die Messung der Gravitationsverschiebung der elektromagnetischen Strahlung.

Ab einer Auflösung von etwa 10^{10} ist es bereits möglich, die Aufspaltung von Spektrallinien aufgrund des Photonenrückstoßes auch bei kleinen Photonenenergien zu beobachten. Dieser Effekt ist natürlich wegen der hohen Energie besonders groß bei der Emission von γ-Quanten aus Atomkernen. Durch den Einbau der betreffenden Atome in ein Kristallgitter gelingt allerdings die rückstoßfreie

Emission und Absorption der Quanten, und die darauf basierende Mössbauer-Spektroskopie stellt die zur Zeit empfindlichste Meßmethode der Physik überhaupt dar: die erreichbare Auflösung liegt bei etwa 10^{15}. Bei dieser Genauigkeit kann der Einfluß der Struktur der Elektronenhülle auf die Kernzustände bestimmt werden, und entsprechende Verfahren gehören daher auch zu den wichtigsten Untersuchungsmethoden der Festkörperphysik, Chemie und Biologie. Im Bereich der Grundlagen gelang es beispielsweise, nicht nur die Zeitdilatation mit großer Genauigkeit nachzuweisen, sondern auch die von der allgemeinen Relativitätstheorie geforderte Frequenzverschiebung von γ-Linien unter dem Einfluß des Gravitationsfeldes der Erde.

8.2   Das Fabry-Perot Interferometer

Zwei wichtige Größen aller Spektralapparate sind das Auflösungsvermögen und die Lichtstärke. Ist $\Delta\lambda$ das kleinste Intervall, bei dem zwei gleich starke Linien mit den Wellenlängen λ und $\lambda + \Delta\lambda$ gerade noch mit dem Gerät als voneinander getrennt erkannt werden können, definiert man das Verhältnis $\lambda/\Delta\lambda$ als das Auflösungsvermögen des Geräts. Die Lichtstärke charakterisiert den maximal möglichen Strahlungsfluß durch das Instrument, der bei einer vorgegebenen, ausgedehnten Lichtquelle möglich ist.

Ein Vergleich von Gitterinstrument und Fabry-Perot Interferometer zeigt, daß mit dem Interferometer nicht nur das höhere Auflösungsvermögen erzielt werden kann, sondern daß es bei gleichem Auflösungsvermögen auch in Bezug auf die Lichtstärke überlegen ist [8.4; 8.7; 8.13].

Im Prinzip besteht das Fabry-Perot Interferometer aus einer planparallelen Luftschicht, die zwischen zwei teilweise reflektierenden, parallel zueinander angeordneten Quarzplatten gebildet wird. Die Außenflächen sind normalerweise mit Antireflexschichten bedampft und relativ zur Innenfläche leicht keilförmig geschliffen, um Interferenzeffekte zwischen beiden Flächen einer Quarzplatte selbst zu vermeiden. Fig. 8.1 zeigt eine Anordnung mit einer ausgedehnten Lichtquelle.

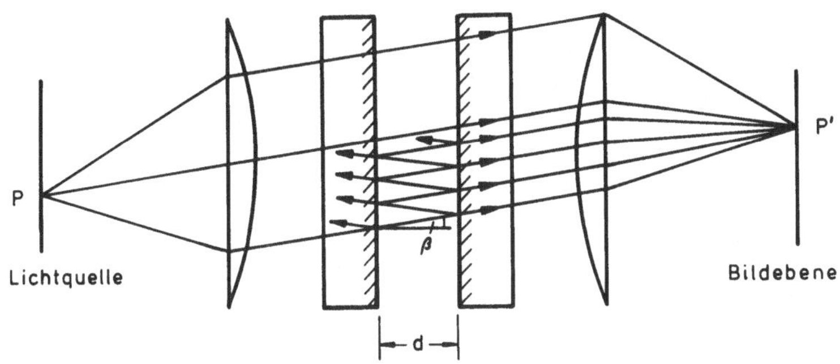

Fig. 8.1: Fabry-Perot Interferometer

Lichtquelle und Bildebene befinden sich in den Brennebenen zweier
Linsen, die Quarzplatten im parallelen Strahlengang dazwischen.
Eine unter dem Winkel β die planparallele Luftschicht durchlaufen-
de ebene monochromatische Welle wird an den Grenzflächen jeweils
teilweise reflektiert, und alle durchgehenden Teilwellen interferieren im Bildpunkt P'. Der optische Wegunterschied Δs zwischen
zwei benachbarten Teilwellen ist

$$(8.3) \quad \Delta s = 2n_L d \cos\beta,$$

die entsprechende Phasendifferenz

$$(8.4) \quad \delta = 2\pi \cdot \Delta s/\lambda + 2\Delta\phi = 2\pi \frac{2n_L d\cos\beta}{\lambda} + 2\Delta\phi.$$

n_L ist die Brechzahl der Luftschicht, λ die Wellenlänge im Vakuum,
und ein Phasensprung $\Delta\phi$ bei der Reflexion am optisch dichteren Medium ist jeweils zweimal zu berücksichtigen. Intensitätsmaxima erhält man in allen Bildpunkten, für welche die Phasendifferenz ein

Vielfaches von 2π beträgt, d.h.

$$(8.5) \qquad \delta = m \cdot 2\pi.$$

Orte gleicher Phasendifferenz sind durch die Bedingung $\cos\beta$ = const festgelegt, und die Interferenzstreifen bilden so in der Bildebene ein konzentrisches Ringsystem, dessen Mittelpunkt auf der Achse der optischen Anordnung liegt.

Zur Berechnung der Intensitätsverteilung addieren wir die Amplituden der Teilwellen [8.1]. Das auf die Intensität bezogene Reflexionsvermögen bezeichnen wir mit R, das Transmissionsvermögen mit T, und bei vernachlässigbarer Absorption sind beide durch die Beziehung R + T = 1 miteinander verknüpft. Die auf die Amplitude der Wellen bezogenen Reflexions- und Transmissionskoeffizienten sind damit $\sqrt{R}$ und $\sqrt{T}$, so daß sich unter Einbeziehung der Phasendifferenz δ die in Fig. 8.2 angegebenen Werte für die komplexen Amplituden der durchgehenden Teilwellen ergeben, wenn man die der einfallenden Welle mit A_O bezeichnet.

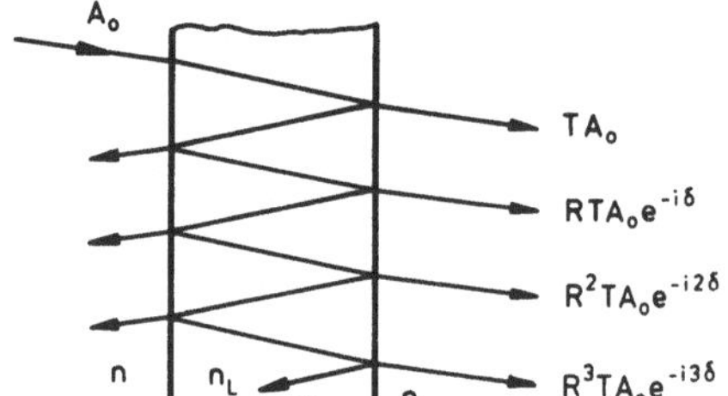

Fig. 8.2: Vielstrahlinterferenz an einer planparallelen Luftschicht.

Die resultierende Amplitude A ist damit

$$(8.6) \qquad A = T\,A_O\,(1 + Re^{-i\delta} + R^2 e^{-i2\delta} + R^3 e^{-i3\delta} + \ldots),$$

und für die unendlich große Luftschicht mit unendlich vielen Teilwellen wird der Grenzwert

$$(8.7) \quad A = \frac{T}{1-Re^{-i\delta}} \, A_o.$$

Multiplikation mit der konjugiert komplexen Amplitude liefert die Intensität (Strahlungsflußdichte) $I_t \sim AA^*$ der durchgehenden Welle im Verhältnis zur Intensität I_o der einfallenden Welle:

$$(8.8) \quad \frac{I_t}{I_o} = \frac{T^2}{(1-Re^{-i\delta})(1-Re^{i\delta})} \quad \text{bzw.}$$

$$(8.9) \quad \frac{I_t}{I_o} = \frac{(1-R)^2}{(1-R)^2 + 4R\sin^2(\delta/2)} \, .$$

Die entsprechende Gleichung für die insgesamt von der Luftschicht reflektierte Intensität I_r ergibt sich einfach aus der Beziehung $I_r = I_o - I_t$.

Zur Diskussion kürzen wir ab

$$(8.10) \quad K = 4R/(1-R)^2$$

und erhalten die als Airy-Funktion bekannte Beziehung

$$(8.11) \quad \frac{I_t}{I_o} = \frac{1}{1 + K\sin^2(\delta/2)} \, .$$

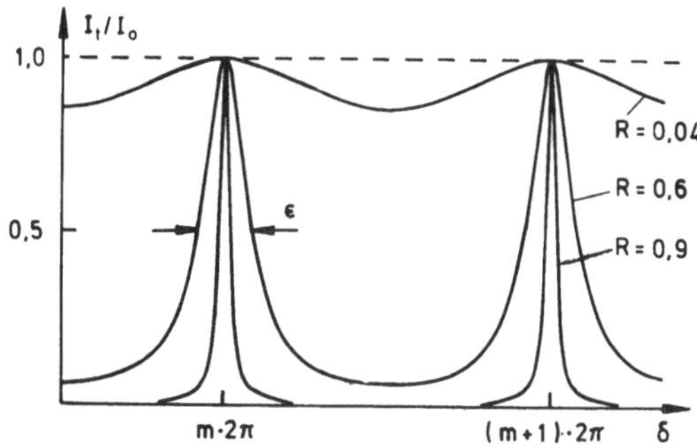

Fig. 8.3: Transmissionskurven für das Fabry-Perot Interferometer.

Fig. 8.3 illustriert den Verlauf für verschiedene Werte des Re-
flexionsvermögens R. Mit steigendem R werden die Transmissionskurven (und damit die Interferenzstreifen) immer schmäler, in den
Maxima aber bleibt die durchgelassene Intensität stets $I_t = I_o$.
Damit wird offenkundig, warum man ein möglichst hohes Reflexionsvermögen anstreben sollte. Die volle Halbwertsbreite ε eines In-
terferenzstreifens erhält man aus Gl.(8.11) mit der Definition,
daß für $\delta = m \cdot 2\pi \pm \varepsilon/2$ die Intensität auf $I_t = I_o/2$ abgesunken
ist:

$$(8.12) \quad \varepsilon = 4 \arcsin \sqrt{1/K}.$$

Für ein hohes Reflexionsvermögen wird ε näherungsweise

$$(8.13) \quad \varepsilon \simeq 4/\sqrt{K}.$$

Zur Beurteilung der Schärfe der Interferenzstreifen benutzt man im
allgemeinen allerdings eine dimensionslose Größe, die sog. *Finesse*
F. Sie ist definiert als das Verhältnis gebildet aus dem Abstand
zweier Streifen und der Halbwertsbreite:

$$(8.14) \quad F = \frac{2\pi}{\varepsilon} \simeq \frac{\pi}{2} \sqrt{K} \simeq \frac{\pi\sqrt{R}}{1-R} \,..$$

Emittiert die Quelle monochromatisches Licht bei zwei Wellenlängen
λ_1 und λ_2, überlagern sich einfach beide Interferenzstreifensysteme in der Bildebene. Eine relative Zuordnung ist aber nur dann
möglich, wenn Interferenzen gleicher Ordnung noch benachbart sind,
d.h., wenn sich die Wellenlängen nur geringfügig unterscheiden.
Die Grenze wird erreicht, sobald die Interferenz m-ter Ordnung bei
der Wellenlänge λ_1 gerade auf die Interferenz (m+1)-ter Ordnung
bei der Wellenlänge $\lambda_2 = \lambda_1 - \delta\lambda_1$ fällt. Aus den Gln.(8.4) und
(8.5) erhält man mit $\Delta\phi = \pi$:

$$(8.15) \quad 2n_L d \cos\beta = (m-1)\lambda_1 = m\lambda_2 = m(\lambda_1 - \delta\lambda_1).$$

Die maximal erlaubte Wellenlängendifferenz $\delta\lambda_1$ wird damit:

(8.16) $\delta\lambda_1 = \lambda_1/m$.

Man bezeichnet $\delta\lambda = \lambda/m$ gewöhnlich als *freien Spektralbereich* des Interferometers, und um jeglichen Irrtum auszuschalten, sollte ein Wellenlängenunterschied tatsächlich immer $\lambda_1 - \lambda_2 < \delta\lambda/2$ bleiben.

Nähert man einander dagegen zwei Interferenzstreifensysteme durch gedankliche Verringerung der Wellenlängendifferenz $\Delta\lambda$, so werden sie schließlich verschmelzen. Sie können gerade noch als getrennte Streifen erkannt werden, wenn sich die Profile in den Punkten schneiden, in denen die jeweilige Intensität auf die Hälfte abgesunken ist. Der Wellenlängenabstand $\Delta\lambda$ entspricht dann der vollen Halbwertsbreite des Profils:

$$(8.17) \qquad \frac{\varepsilon}{2\pi} = \frac{\Delta\lambda}{\delta\lambda} = \frac{\Delta\lambda}{\lambda}\, m = \frac{1}{F}.$$

Das Auflösungsvermögen des Fabry-Perot Interferometers wird damit:

$$(8.18) \qquad \frac{\lambda}{\Delta\lambda} = m\, F.$$

Der kleinste Kreis in der Mitte des Ringsystems ($\beta \to 0$) entspricht der Interferenz mit der höchsten vorkommenden Ordnung. Gl.(8.15) gibt

$$(8.19) \qquad m = \frac{2n_L\, d\, \cos\beta}{\lambda} + 1,\ \text{bzw.}$$

$$(8.20) \qquad m_{max} \simeq \frac{2\, n_L\, d}{\lambda} + 1 \simeq \frac{2\, n_L\, d}{\lambda}.$$

Die auftretenden Interferenzen sind somit ganz generell von sehr hoher Ordnung.

<u>Zahlenbeispiel</u>: Mit $\lambda = 500$ nm, $n_L \simeq 1$, $d = 10$ cm und $R = 0,98$ ergibt sich $m_{max} \simeq 400\,000$, $F \simeq 150$ und $\lambda/\Delta\lambda = 6 \times 10^7$.

In der Praxis wird das theoretische Auflösungsvermögen allerdings nicht erreicht, da Abweichungen der Oberflächen von der Planität und der Luftschicht von der exakten Planparallelität zusätzliche Verbreiterungen der Transmissionsmaxima und damit eine kleinere Gesamtfinesse bewirken. In Gl.(8.18) muß dann einfach diese experimentell bestimmte Finesse eingesetzt werden.

Zur photographischen Registrierung wird eine Photoplatte in die Bildebene gebracht. Ist die Brennweite der 2. Linse f (s. Fig. 8.1), ergeben sich die Radien der Interferenzkreise zu

$$(8.21) \quad \rho_m = f \cdot \tan\beta,$$

bzw. mit Gl.(8.19) zu

$$(8.22) \quad \rho_m^2 = f^2 \left\{ \left[\frac{2\, n_L\, d}{(m-1)\,\lambda} \right]^2 - 1 \right\}.$$

Numeriert man den kleinsten Kreis mit $p = 1$ und zählt alle anderen von diesem ausgehend,

$$(8.23) \quad p = m_{max} + 1 - m,$$

so erhält man aus Gl.(8.22), da $1 \leq p \ll m_{max}$:

$$(8.24) \quad \rho_{p+1}^2 - \rho_p^2 = \frac{f^2}{n_L\, d}\, \lambda.$$

Die Wellenlänge läßt sich damit aus den Radien mit großer Genauigkeit bestimmen, wenn sie vorher bis auf einen freien Spektralbereich genau bekannt ist.

Bei der photoelektrischen Registrierung benutzt man eine möglichst punktförmige Lichtquelle im Brennpunkt der ersten Linse und einen photoelektrischen Detektor hinter einer kleinen Lochblende, die im Brennpunkt der zweiten Linse steht. Damit wird nur die Intensität I_C im Zentrum des Ringsystems gemessen ($\cos\beta = 1$); zur Erreichung eines hohen Auflösungsvermögens muß die Blende natürlich so klein wie zweckmäßig gewählt werden. Nach Gln.(8.4) und (8.11) ist I_C nur eine Funktion von $n_L d/\lambda$, und durch Veränderung entweder der

Brechzahl n_L oder des Plattenabstands d kann die Transmissionskurve des Interferometers bequem aufgezeichnet werden. Das für monochromatisches Licht erhaltene Profil wird üblicherweise als Apparateprofil bezeichnet, mit dem die untersuchten wahren Linienprofile dann durch die Messung gefaltet werden.

Die Brechzahl der Luftschicht wird durch Variation des Luftdrucks geändert. Zur kontinuierlichen Veränderung des Abstands d befestigt man eine der Quarzplatten auf einem piezoelektrischen Kristall, und mit einer schnell ansteigenden Spannung kann die Aufnahme eines Profils sogar in sehr kurzer Zeit erfolgen.

8.3   Hochauflösende Laserspektroskopie

Die Erfindung des Lasers revolutionierte die Optik, in der Spektroskopie leitete sie eine neue Epoche ein, da damit eine intensive Lichtquelle von extrem hoher Monochromasie zur Verfügung gestellt wurde [8.11]. Eine breite Anwendung ermöglichte allerdings erst die Entwicklung der Farbstofflaser, da ihre Strahlung nicht nur den gesamten sichtbaren Spektralbereich abdeckt, sondern auch bequem über größere und kleinere Intervalle kontinuierlich durchgestimmt werden kann [8.10]. Methoden der Frequenzvervielfachung und Frequenzmischung erweitern schließlich den nutzbaren Bereich bis zu etwa 120 nm. Aus den Verfahren der Laserspektroskopie stellen wir im folgenden kurz zwei vor und verweisen sonst auf die umfangreiche Literatur [8.3; 8.4; 8.8; 8.9; 8.12; 8.14; 8.15].

8.3.1   Sättigungsspektroskopie

Wir betrachten zwei Zustände 1 und 2 eines Ensembles von gleichen Atomen. Die Energie der Zustände sei E_1 bzw. E_2, die jeweilige Dichte der Atome in diesen Zuständen n_1 bzw. n_2. In ihrem Ruhesystem emittieren die ungestörten Atome eine Linie bei der Frequenz

$$(8.25) \quad \omega_0 = \frac{E_2 - E_1}{\hbar},$$

deren Breite als natürliche Linienbreite γ_O bezeichnet wird. Das Linienprofil ist durch eine entsprechende Lorentz-Verteilung gegeben (s. Gl.(6.8)). Wie in der Einleitung zu diesem Kapitel aber bereits besprochen, führt die thermische Bewegung der Atome zu einer jeweiligen Doppler-Verschiebung der emittierten Strahlung, und das resultierende Linienprofil des ganzen Ensembles ist ein Gauß-Profil mit einer Breite γ_G entsprechend Gl.(8.1).

Trifft auf die Atome dagegen eine monochromatische, elektromagnetische Welle eines Lasers mit der Frequenz ω_L und dem Wellenvektor $\vec{k}_L$, so absorbieren aus dem gesamten Ensemble von Atomen nur diejenigen, die in Richtung von $\vec{k}_L$ eine derartige Geschwindigkeitskomponente v_k haben, daß die Doppler-verschobene Frequenz gerade der Frequenz ω_O der Atome in ihrem Ruhesystem entspricht:

$$(8.26) \quad \omega_O = \omega_L - \vec{k}_L\,\vec{v} = \omega_L - k_L\,v_k, \quad \text{bzw.}$$

$$(8.27) \quad v_k = \frac{\omega_L - \omega_O}{k_L}.$$

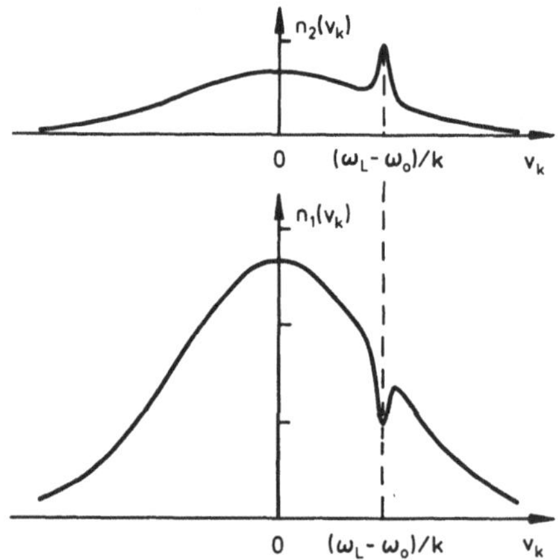

Fig. 8.4: Besetzungsdichteverteilung eines Ensembles von Atomen unter der Einwirkung monochromatischer Laserstrahlung bei der Frequenz ω_L

Durch diesen Absorptionsprozess wird die Dichte n_1 der Atome mit der Geschwindigkeit v_k erniedrigt, die entsprechende Dichte n_2 erhöht. Fig. 8.4 illustriert diesen Vorgang. Aufgetragen sind für beide Zustände die Besetzungsdichteverteilungen als Funktion der Geschwindigkeit: $n_i(v_k)dv_k$ gibt die jeweilige Dichte der Atome mit einer Geschwindigkeit im Intervall zwischen v_k und $v_k + dv_k$ an. Bei einer Maxwellschen Geschwindigkeitsverteilung der Atome ist die Ausgangsverteilung für beide Zustände eine Gauß-Verteilung (s. Abschn. 4.2.2.1). Durch den Absorptionsvorgang entsteht dann aber in der Besetzungsdichteverteilung $n_1(v_k)$ des unteren Zustands ein Loch (oft als *Bennet-Loch* bezeichnet), in der Verteilung des oberen Zustands ein entsprechender Höcker. Die Breite des Lochs entspricht zunächst der natürlichen Linienbreite γ_0, d.h. $\Delta v \simeq \gamma_0/k_L$. War der obere Zustand ursprünglich gar nicht besetzt, erhält man so angeregte Atome mit nur dieser engen Geschwindigkeitsverteilung.

Stoßinduzierte Übergänge und spontane Emission direkt vom Zustand 2 in den Zustand 1, aber auch indirekte Prozesse über andere Zustände des Atoms bauen die Überbesetzung ab und füllen das Loch wieder auf. Im stationären Zustand stehen sie im Gleichgewicht mit der Absorption und bestimmen so die Tiefe des Lochs und die Höhe des Höckers.

Bei kleinen Intensitäten ist die Absorption der Laserstrahlung zunächst linear, d.h. proportional der Intensität, da die Besetzungsdichten nur sehr wenig geändert werden. Mit steigender Intensität wird dagegen einerseits die stimulierte Emission infolge der wachsenden Dichte im oberen Zustand stärker, andererseits sinkt auch die Zahl der Absorptionsprozesse mit kleiner werdender Dichte des unteren Zustands, so daß der effektive Absorptionskoeffizient $\alpha(\omega)$ nicht mehr konstant ist, sondern abnimmt. Er wird eine Funktion der Intensität und ist definiert durch

$$(8.28) \quad \alpha(\omega,I) = - \frac{dI(\omega)/dz}{I(\omega)}.$$

Im Grenzfall sehr hoher Laserintensität streben der obere und untere Zustand der Gleichbesetzung zu, keine weitere Strahlung wird mehr absorbiert. Die Absorption ist *gesättigt*. Für den Absorptionskoeffizienten erhält man [8.4]:

$$(8.29) \quad \alpha(\omega, I) = \frac{\alpha_O(\omega)}{\sqrt{1 + I(\omega)/I_s}}.$$

$\alpha_O(\omega)$ ist der lineare Absorptionskoeffizient bei kleinen Intensitäten und I_s die sog. *Sättigungsintensität* für den betreffenden Übergang; sie ist frequenzunabhängig. Bei $I = I_s$ ist der Absorptionskoeffizient gerade auf den Wert $1/\sqrt{2}$ abgesunken. Mit steigender Sättigung wird leider auch das Bennet-Loch in $n_1(v_k)$ breiter (Sättigungsverbreiterung), so daß man zweckmäßig nicht mit extrem hohen Intensitäten arbeitet.

Gl.(8.29) stellt nun auch für $\gamma_O \ll \gamma_G$ nichts anderes dar als das Absorptionsprofil des betrachteten Übergangs in Richtung von $\vec{k}_L/k_L$ für das Ensemble von Atomen, das bereits von intensiver Laserstrahlung bei einer Frequenz ω_L durchstrahlt wird: es ist ein breites Gauß-Profil mit einem schmalen Loch bei der Frequenz ω_L, und die Ausmessung dieses Lochs ist die eigentliche Idee der sog. Sättigungsspektroskopie. Im Prinzip könnte man sich zunächst vorstellen, daß das Absorptionsprofil mit einem zweiten Laserstrahl abgetastet wird, dessen Frequenz über das Profil durchgestimmt wird. Die meßbare geringere Absorption im Sättigungsloch würde dieses exakt festlegen. In der Praxis ist es jedoch aus mehreren Gründen sinnvoll, die gleiche monochromatische Strahlung sowohl zur Sättigung als auch zur Analyse zu benutzen. Die primäre Laser-

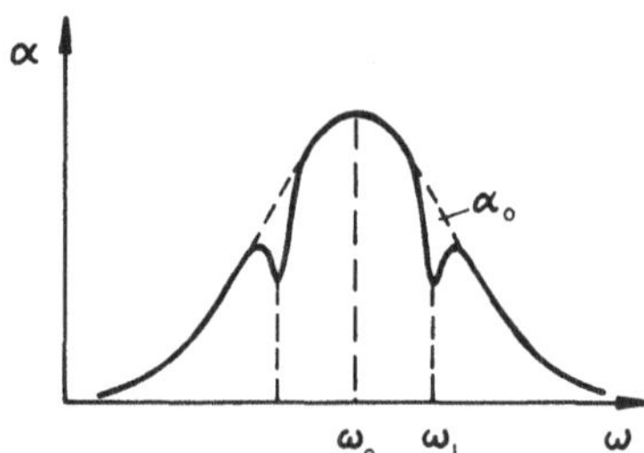

Fig. 8.5: Absorptionsprofil bei zwei einander entgegenlaufenden Wellen der Frequenz ω_L

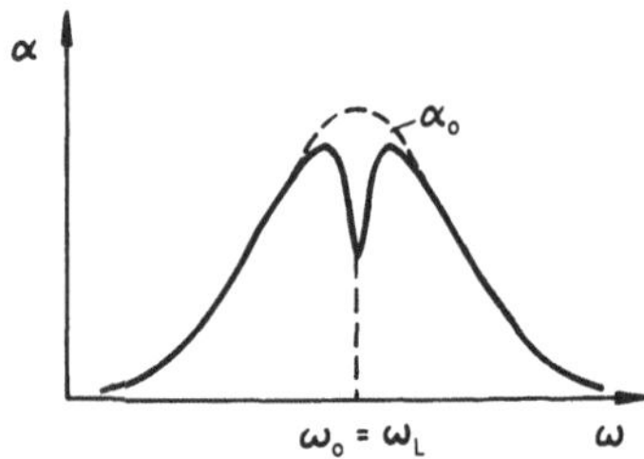

Fig. 8.6: Absorptionsprofil für $\omega_L = \omega_O$

strahlung wird dazu durch einen teildurchlässigen Spiegel in den Sättigungsstrahl (engl. saturating beam) und den Analysestrahl (engl. probe beam) zerlegt, und beide durchlaufen das Ensemble in entgegengesetzter Richtung. Das Absorptionsprofil in Richtung der Strahlung weist so zunächst zwei Sättigungslöcher symmetrisch zu ω_O auf (s. Fig. 8.5). Stimmt jedoch die Laserfrequenz mit der Frequenz des Übergangs überein, d.h. $\omega_L = \omega_O$, fallen beide Minima zusammen, man erhält ein besonders tiefes Loch, s. Fig. 8.6. In der Literatur wird es als *Lamb-dip* bezeichnet. Beide Wellen wechselwirken in diesem Fall mit der gleichen Gruppe aus dem Ensemble.

Zum Nachweis wird der Sättigungsstrahl moduliert, beispielsweise mit einer rotierenden geschlitzten Scheibe zerhackt, und die Intensität des Analysestrahls mit einem phasenempfindlichen Detektor (s. Abschn. 6.4) gemessen. Im Lamb-dip bewirkt die Modulation des Sättigungsstrahls eine Modulation des Analysestrahls, da in der Dunkelphase der Analysestrahl stärker absorbiert wird als während der Hellphase, in der der Übergang durch den Sättigungsstrahl gesättigt wird. Mit wachsendem Abstand von ω_O nimmt die gegenseitige Beeinflussung ab. Da das Ausgangssignal des Detektors proportional dem modulierten Anteil der Strahlung ist, spiegelt die Breite des Signals als Funktion von $\omega_L - \omega_O$ die Breite des Lamb-dips wieder: die Übergangsfrequenz kann so mit hoher Auflösung gemessen werden, die nur durch die natürliche Linienbreite begrenzt wird.

Die Leistungsfähigkeit dieser Methode wird sehr eindrucksvoll durch neue Untersuchungen der Hα-Linie des Wasserstoff-Atoms illustriert [8.6]. Der obere Teil (a) der Fig. 8.7 zeigt das Doppler-Profil der Linie, wie es mit einem vollkommenen Spektrographen bei Zimmertemperatur und niedri-

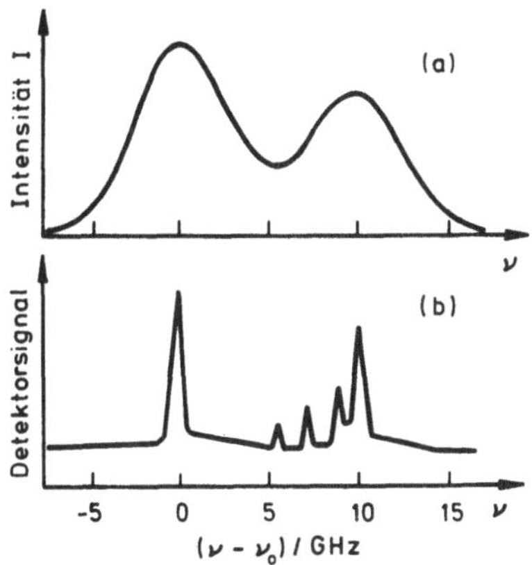

Fig. 8.7: (a) Doppler-Profil der Hα-Linie bei Zimmertemperatur; (b) Sättigungsspektrum [8.6; 8.11]

gen atomaren Dichten (d.h. keine Stoßverbreiterung) gemessen werden kann. Die Feinstrukturaufspaltung und die Lamb-Verschiebung führen zu insgesamt sieben Komponenten mit verschiedener Intensität, die jedoch nicht aufgelöst werden. Teil (b) der Fig. 8.7 zeigt dazu ein mögliches Sättigungsspektrum. Die jetzt aufgelösten Komponenten konnten mit großer Genauigkeit bestimmt werden. Die absolute Messung der Wellenlängen ermöglichte eine neuere Präzisionsbestimmung der Rydberg-Konstanten.

Inzwischen stehen dem Experimentator eine ganze Reihe weiterer Varianten der Sättigungsspektroskopie zur Verfügung, und wir verweisen dazu auf die anfangs zitierte Literatur.

8.3.2 <u>Zwei-Photonen-Spektroskopie</u>

Treffen zwei elektromagnetische Wellen mit den Frequenzen ω_1 und ω_2 und den Wellenvektoren $\vec{k}_1$ und $\vec{k}_2$ auf das Ensemble von Atomen, so tritt mit einer gewissen Wahrscheinlichkeit ein Übergang vom unteren in den oberen Zustand unter gleichzeitiger Absorption zweier Photonen ein, wenn sowohl der Energiesatz als auch die entsprechende Auswahlregel erfüllt sind: beide Zustände müssen die gleiche Parität haben, für die Änderung der Drehimpulsquantenzahl L muß gelten:

$$(8.30) \quad \Delta L = 0 \text{ oder } \pm 2.$$

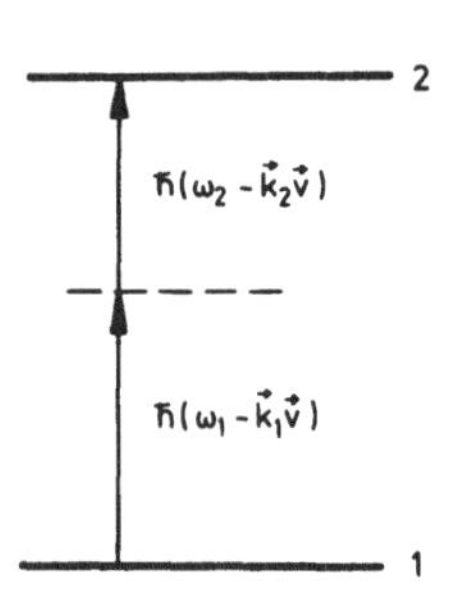

Fig. 8.8: Zwei-Photonen-Absorption

Ein Atom mit der Geschwindigkeit $\vec{v}$ sieht in seinem Ruhesystem aber wieder Doppler-verschobene Frequenzen, so daß der Energiesatz die Form annimmt.

$$E_2 - E_1 = \hbar(\omega_1 - \vec{k}_1\vec{v}) + \hbar(\omega_2 - \vec{k}_2\vec{v}), \text{ bzw.}$$

$$(8.31) \quad E_2 - E_1 = \hbar(\omega_1 + \omega_2) - \hbar(\vec{k}_1 + \vec{k}_2)\vec{v}.$$

Die Geschwindigkeitsverteilung der Atome bestimmt somit das Absorptionsprofil. Wählt man jedoch zwei Wellen gleicher Frequenz ω_1 = ω_2 = ω, die in entgegengesetzte Richtung laufen, d.h. k_1 = $-k_2$, so erfüllen **alle** Atome *unabhängig von ihrer Geschwindigkeit* die Resonanzbedingung für die gleichzeitige Absorption zweier Photonen, und Gl.(8.31) wird

$$(8.32) \quad E_2 - E_1 = 2\hbar\omega.$$

Damit ist der Doppler-Effekt eliminiert, und man erhält eine schmale Absorption mit einer Breite, die der natürlichen Linienbreite entspricht. Das Experiment ist im Prinzip relativ einfach. Mittels eines Spiegels reflektiert man den Laserstrahl nach Durchgang durch das Ensemble von Atomen nur in sich selbst zurück. Fig. 8.9 illustriert schematisch die Anordnung. Nachgewiesen wird

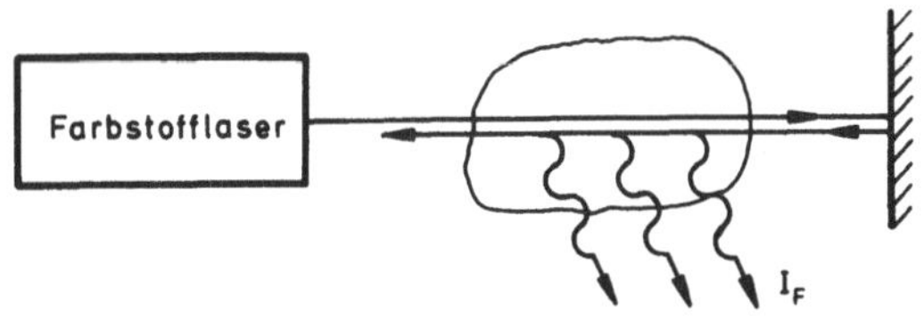

Fig. 8.9: Anordnung zur Doppler-freien Zwei-Photonen-Spektroskopie

der Absorptionsprozess beispielsweise durch Fluoreszenzstrahlung I_F, die beim Übergang der Atome vom oberen Zustand 2 in tiefer liegende Zustände emittiert wird.

Die Wahrscheinlichkeit für die gleichzeitige Absorption zweier Photonen ist im allgemeinen sehr klein, wächst aber mit dem Produkt der Intensitäten $I_1 \cdot I_2$ beider Lichtwellen an. Hier kommt daher zum Tragen, daß mit Lasern auch hohe Leistungen erzielt und damit diese Messungen möglich werden. Weiterhin wirkt sich aus, daß alle Atome zum Absorptionsprozess beitragen, während es bei der Sättigungsspektroskopie nur eine kleine Gruppe ist.

Im allgemeinen werden neben den Doppler-freien Absorptionsprozes-
sen natürlich auch Übergänge induziert, bei denen beide Photonen
aus dem gleichen Laserstrahl kommen. Es gilt

$$(8.33) \quad E_2 - E_1 = 2\hbar(\omega - \vec{k}\vec{v}).$$

Dies führt wieder zu einem Absorptionsprofil, dessen Breite durch
die Geschwindigkeitsverteilung der Atome bestimmt wird. Das resultierende Absorptionsprofil besteht daher aus einem Doppler-ver-
breiterten Untergrund und einer schmalen Doppler-freien Linie (s.
Fig. 8.10).

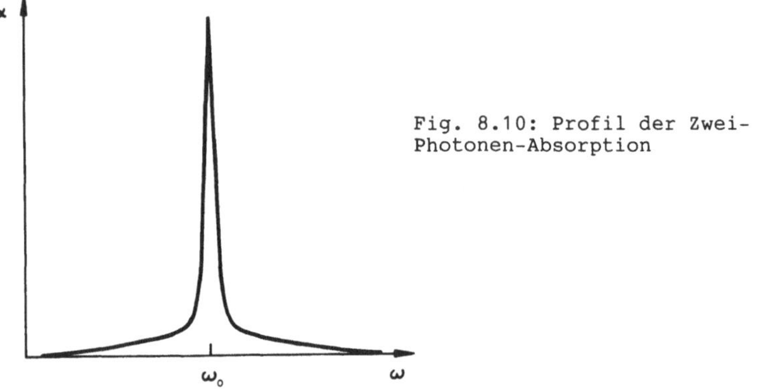

Fig. 8.10: Profil der Zwei-
Photonen-Absorption

Durch geschickte Wahl der Polarisation des Laserlichts kann man
allerdings erreichen, daß auf Grund der Auswahlregeln für die
magnetische Quantenzahl M die Absorption jeweils nur mit je einem
Photon aus beiden Strahlen möglich ist [8.4]. In diesem Fall fällt
dann sogar der Untergrund weg.

8.4   Mössbauer Spektroskopie

Elektromagnetische Strahlung wird auch von Atomkernen emittiert
oder absorbiert, wenn sie von einem Zustand in einen anderen übergehen. Die Quanten dieser Strahlung werden allgemein als γ-Quanten

bezeichnet, ihre Energie überstreicht den Bereich von etwa 6 keV
bis zu einigen MeV. Insbesondere tiefer liegende Kernzustände haben dabei eine relativ lange Lebensdauer, die auf Grund der Unschärferelation (Gl.(6.7)) zu einer entsprechend kleinen natürlichen Linienbreite γ_0 (bzw. Γ_0 in Energieeinheiten) des Übergangs führt. Die relative Breite γ_0/ω_0 (bzw. $\Gamma_0/\hbar\omega_0$) ist von der Größenordnung 10^{-8} bis 10^{-15} [8.6], und kein Detektor für γ-Quanten (s. Abschn. 7.5, 7.6 und 7.7) erreicht auch nur annähernd eine dafür benötigte Auflösung. Allerdings kann ein ungestörter Übergang zunächst auch gar nicht beobachtet werden.

Betrachten wir dazu einen Atomkern in Ruhe, der ein Quant emittiert. Mit der hohen Energie $E = \hbar\omega$ ist auch ein entsprechender Impuls $p = \hbar\omega/c$ verknüpft, und auf Grund der Impulserhaltung muß der Kern einen entgegengerichteten, gleich großen Impuls aufnehmen (*Rückstoßeffekt*). Das ganze Atom hat damit eine kinetische Energie

$$(8.34) \qquad E_R = \frac{p^2}{2M} = \frac{\hbar^2\omega^2}{2Mc^2},$$

die in der Energiebilanz für den Emissionsvorgang zu berücksichtigen ist:

$$(8.35) \qquad E_2 - E_1 = \hbar\omega_0 = \hbar\omega + E_R.$$

Die tatsächlich ausgestrahlte Frequenz ω ist damit um $\omega_R = E_R/\hbar$ kleiner als die ohne Rückstoß erwartete Frequenz ω_0. Bei der Absorption von γ-Quanten übernimmt dagegen der Kern den Impuls des Quants, und das Absorptionsprofil ist entsprechend um ω_R zu höheren Frequenzen verschoben. Fig. 8.11 illustriert Emissions- und Absorptionsprofil für Atomkerne in Ruhe. Beide sind um $2\omega_R$ gegeneinander versetzt, und damit wird verständlich, weshalb in diesem Fall die emittierte γ-Strahlung nicht von gleichen Atomen absorbiert wird; Resonanzabsorption wird nicht beobachtet.

Wie bei den Übergängen der Hüllenelektronen bedingt allerdings auch hier die thermische Bewegung der Atome eine Doppler-Verbreiterung der Linien. Bezeichnen wir mit $\vec{k}$ den Wellenvektor des emittierten Quants und mit $\vec{v}$ die Geschwindigkeit des Atomkerns, wird

202

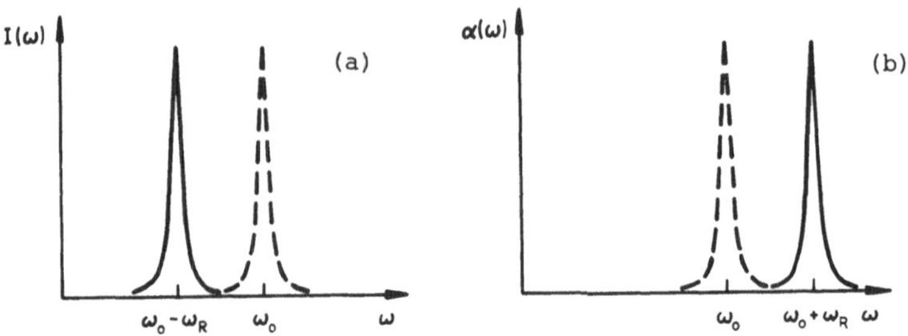

Fig. 8.11: Emissions- (a) und Absorptionsprofil (b) eines γ-Übergangs für Atomkerne in Ruhe. ω_0 ist die Frequenz des
Übergangs ohne Rückstoß.

mit der Doppler-Verschiebung $\Delta\omega = \vec{k}\,\vec{v}$ die Energiebilanz des Übergangs jetzt

$$(8.36) \quad \hbar\omega = \hbar\omega_0 - \hbar\omega_R + \hbar(\vec{k}\vec{v}).$$

Eine Maxwellsche Geschwindigkeitsverteilung führt wieder zu einem
Gauß-Profil um die Frequenz $\omega_0 - \omega_R$. Die Breite ist durch Gl.(8.1)
gegeben und übertrifft die natürliche Linienbreite um viele Grös-
senordnungen. Fig. 8.12 illustriert die relative Lage von Emis-
sions- und Absorptionsprofil. Beide sind symmetrisch zu $\omega = \omega_0$,

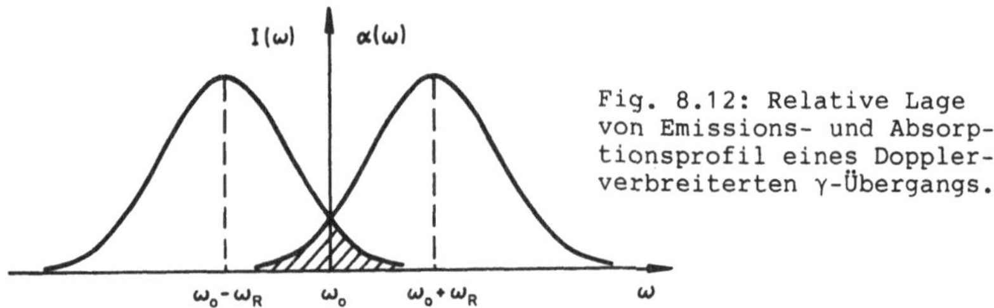

Fig. 8.12: Relative Lage
von Emissions- und Absorptionsprofil eines Doppler-
verbreiterten γ-Übergangs.

und Resonanzabsorption wird in dem Maße möglich, in dem sich beide

Profile überlappen (schraffiertes Gebiet der Fig. 8.12).

Wir betrachten jetzt die γ-Emission von Atomen, die in ein Kristallgitter eingebaut sind. Kann auf Grund der chemischen Bindung der Atomkern den Rückstoß nicht aufnehmen und sich nicht frei bewegen, wird der Impuls auf den ganzen Kristall übertragen. In Gl.(8.34) ist dann für M auch die Masse des Kristalls einzusetzen, die Rückstoßenergie E_R und damit die Verschiebung ω_R werden vernachlässigbar klein. Da bei tiefen Temperaturen praktisch auch die Doppler-Verbreiterung im Kristall verschwindend klein ist, wird eine extrem scharfe Linie emittiert, deren Breite ihrer durch die Unschärferelation gegebenen natürlichen Linienbreite entspricht. 1958 entdeckte R. Mössbauer diese scharfen Linien und deutete sie theoretisch richtig. Sie werden heute als Mössbauer-Linien bezeichnet, der physikalische Effekt, der zu ihnen führt, als Mössbauer-Effekt [8.16].

Obige Beschreibung stellt natürlich eine große Vereinfachung dar, da der Kern nicht starr im Kristallgitter sitzt, sondern mit diesem zu Schwingungen angeregt werden kann. Eine exaktere Behandlung des Mössbauer-Effekts muß daher die Gitterschwingungen und ihre Anregung [8.5] einschließen. Die Berücksichtigung der Anregungsenergie in Gl.(8.35) an Stelle der Rückstoßenergie E_R führt wieder zu einer entsprechenden Frequenzverschiebung, und das resultierende Emissionsspektrum besteht so nicht nur aus der scharfen Mössbauer-Linie, sondern auch aus einem quasikontinuierlichen Untergrund von vielen Linien, die der Anregung einer jeweiligen Gitterschwingung entsprechen. (s. Fig. 8.13)

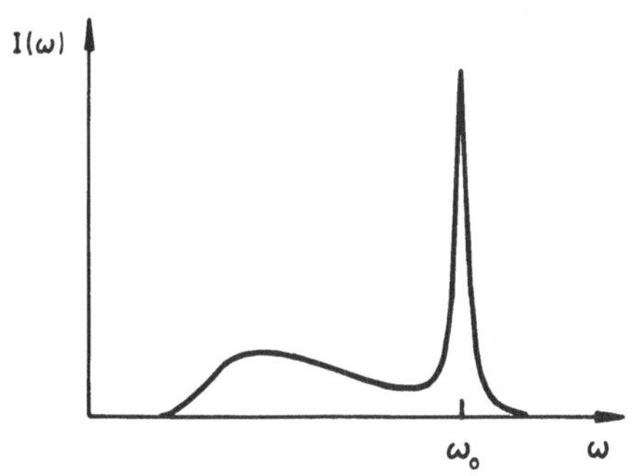

Fig. 8.13: Schematisches Spektrum einer kristallinen γ-Quelle

Der Bruchteil f der in der Mössbauer-Linie rückstoßfrei emittierten Quanten wird gewöhnlich als Debye-Waller-Faktor bezeichnet,
manchmal auch als Lamb-Mössbauer-Faktor. Er ist eine Funktion der
Energie der γ-Quanten, der Debye-Temperatur des Kristalls und
seiner absoluten Temperatur [8.5]. Mit kleiner werdender Energie
der Quanten wird er größer, und man verwendet daher vorzugsweise
Isotope, deren γ-Strahlung im Bereich unterhalb von etwa 50 keV
liegt, obwohl auch zahlreiche Isotope mit Energien bis zu 150 keV
im geeigneten Kristallverband Mössbauer-Linien emittieren.

Die Untersuchung der schmalen Linien wird mittels der Kernreso-
nanzfluoreszenz durchgeführt und heute allgemein als Mössbauer-
Spektroskopie bezeichnet. Eine typische experimentelle Anordnung
zeigt Fig. 8.14.

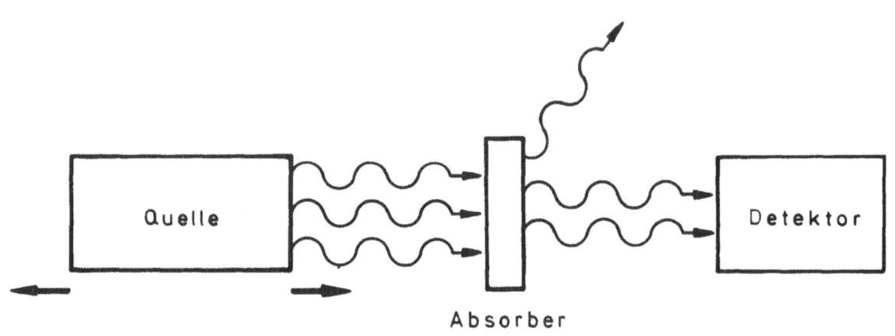

Fig. 8.14: Schema eines Mössbauer-Experiments

Die von einer Quelle emittierten γ-Quanten durchstrahlen den zu
untersuchenden Absorber, und die Zahl der durchgehenden Quanten
wird mit einem Detektor registriert. Andere Verfahren messen die
Zahl der absorbierten Quanten, indem sie die nach der Anregung
auftretende Fluoreszenzstrahlung detektieren, bzw. bei Auftreten
von innerer Umwandlung die entsprechenden Elektronen oder die
charakteristische Röntgenstrahlung.

Die einfallende γ-Strahlung muß natürlich über das Linienprofil
des Absorbers durchgestimmt werden, und dies bewirkt man auf
äußerst einfache Weise durch den Doppler-Effekt, indem man die

Quelle bewegt. Typische Geschwindigkeiten, die einer Verschiebung von etwa der natürlichen Linienbreite entsprechen, liegen in der Größenordnung von 1 mm/s bis 1 cm/s. Es ist üblich geworden, die Zählrate des Detektors einfach als Funktion der Geschwindigkeit der Quelle aufzutragen und als Mössbauer-Spektrum zu bezeichnen. Die erzielte Genauigkeit ist bis heute in keinem Gebiet der Physik von einer anderen Meßmethode erreicht worden.

Es ist nicht genug zu wissen,
man muß auch anwenden,
es ist nicht genug zu wollen,
man muß auch tun.
Johann Wolfgang von Goethe

Literaturverzeichnis

Umfassende Darstellungen

[0.1]   Eder, F. X.: Moderne Meßmethoden der Physik. Berlin: Ver-
        lag der Wissenschaften 1968, 1970, 3 Bände

[0.2]   Kohlrausch, F.: Praktische Physik. 22. Aufl. Stuttgart:
        Teubner 1976, 3 Bände

[0.3]   Marton, L., Hrsg.: Methods of Experimental Physics. New
        York: Academic Press 1959 - 1981, 19 Bände

Kapitel 2

[2.1]   Bayer-Helms, F.: Neudefinition der Basiseinheit Meter im
        Jahre 1983. Phys. Bl. __39__ (1983) 307-311 und 414

[2.2]   Document U.I.P. 20 (1978): Symbole, Einheiten und Nomen-
        klatur in der Physik 1980, Weinheim: Physik Verlag

[2.3]   German, S.: Draht, P.: Handbuch der SI-Einheiten. Braun-
        schweig/Wiesbaden: Vieweg 1979

[2.4]   Kamke, D.; Krämer, K.: Physikalische Grundlagen der Maß-
        einheiten. Stuttgart: Teubner 1977

[2.5]   Stille, U.: Messen und Rechnen in der Physik. 2. Aufl.
        Braunschweig: Vieweg 1961

Kapitel 3

[3.1]   Braddick, H.J.J.: Die Physik des experimentellen Arbei-
        tens. Berlin: Deutscher Verlag der Wissenschaften 1959

[3.2]   Bruckmayer, F.: Über elektrische Modellversuche. Allg.
        Wärmetechnik 4 (1953) 79-85

[3.3]   Cambel, A.L.: Plasma Physics and Magnetofluidmechanics.
        New York: McGraw-Hill 1963

[3.4]   v. Engel, A.; Steenbeck, M.: Elektrische Gasentladungen,
        Bd. 2. Berlin: Springer 1934

[3.5]   Francis, G.: The Glow Discharge at Low Pressure. In S.
        Flügge, Handbuch der Physik, Bd. 22. Berlin: Springer
        1956

[3.6]   Fritsch, G.: Transport. Wiesbaden: Akademische Verlagsge-
        sellschaft 1979

[3.7]   Glaser, W.: Elektronen- und Ionenoptik. In S. Flügge,
        Handbuch der Physik, Bd. 33. Berlin: Springer 1956

[3.8]   Görtler, H.: Dimensionsanalyse. Berlin: Springer 1975

[3.9]   Grivet, P.; Septier, A.: Electron Optics. Oxford: Perga-
         mon Press 1972

[3.10]   Großer, J.: Einführung in die Teilchenoptik. Stuttgart:
         Teubner 1983

[3.11]   Hackeschmidt, M.: Strömungstechnik. Ähnlichkeit - Analo-
         gie - Modell. Leipzig: Deutscher Verlag für Grundstoffin-
         dustrie 1972

[3.12]   Kippenhahn, R.: Möllenhoff, C.: Elementare Plasmaphysik.
         Mannheim: Bibliographisches Institut 1975

[3.13]   Michelsson, P.: Über einige Fragen der Modellmeßtechnik.
         Messen, Steuern, Regeln 10 (1967) 93-96

[3.14]   Mönch, E.: Die Ähnlichkeits- und Modellgesetze bei span-
         nungsoptischen Versuchen. Z. f. angew. Physik 1 (1949)
         306-316

[3.15]   Schindler, K.: Laboratory Experiments Related to the So-
         lar Wind and the Magnetosphere. Rev. Geophys. 7 (1969)
         51-75

[3.16]   Schmidt, E.: Einführung in die Technische Thermodynamik.
         Berlin: Springer 1956

[3.17]   Weber, M.: Das Allgemeine Ähnlichkeitsprinzip der Physik
         und sein Zusammenhang mit der Dimensionslehre und der
         Modellwissenschaft. Jahrb. d. Schiffbautechn. Ges. (1930)
         275-354

[3.18]   Zierep, J.: Ähnlichkeitsgesetze und Modellregeln der
         Strömungslehre. Karlsruhe: Braun 1972

Kapitel 4

[4.1]   Abramowitz, M. and Stegun, I.A.: Handbook of Mathematical
         Functions. New York: Dover 1972

[4.2]   Barford, N.C.: Kleine Einführung in die statistische Ana-
         lyse von Meßergebnissen. Frankfurt: Akademische Verlags-
         gesellschaft 1970

[4.3]   Bevington, P.R.: Data Reductions and Error Analysis for
         the Physical Sciences. New York, McGraw-Hill 1969

[4.4]   Hein, O.: Statistische Verfahren der Ingenieurpraxis.
         Mannheim: Bibliographisches Institut 1978

[4.5]   Kreyszig, E.: Statistische Methoden und ihre Anwendungen.
         Göttingen: Vandenhoeck & Rupprecht 1979

[4.6]   Ludwig, R.: Methoden der Fehler- und Ausgleichsrechnung.
         Braunschweig: Friedr. Vieweg & Sohn 1969

[4.7]   Smirnow, N.W. und Dunin-Barkowski, I.W.: Mathematische
         Statistik in der Technik. Berlin: Deutscher Verlag der

Wissenschaften 1969

[4.8]   Squires, G.L.: Meßergebnisse und ihre Auswertung. Berlin:
Walter de Gruyter 1971

[4.9]   van der Waerden, B.L.: Mathematische Statistik. Berlin:
Springer 1971

Kapitel 5

[5.1]   Frühauf, U.: Grundlagen der elektronischen Meßtechnik.
Leipzig: Akademische Verlagsgesellschaft Geest & Portig
1977

[5.2]   Grau, G.: Optische Nachrichtentechnik. Berlin: Springer
1981

[5.3]   Hart, H.: Einführung in die Meßtechnik. Braunschweig:
Friedr. Vieweg & Sohn 1978

[5.4]   Kersten, R.Th.: Einführung in die Optische Nachrichtentechnik. Berlin: Springer 1983

[5.5]   Merz, L.: Grundkurs der Meßtechnik, Teil I und II. München: R. Oldenbourg 1975

[5.6]   Niebuhr, J.: Physikalische Meßtechnik, Band I. München:
R. Oldenbourg 1977

[5.7]   Peschl, H.: HF-Leitung als Übertragungsglied und Bauteil.
München: Hüthig und Pflaum 1979

[5.8]   Rosenberger, D., u.a.: Optische Informationsübertragung
mit Lichtwellenleitern. Grafenau: Expert Verlag 1982

[5.9]   Schrüfer, E.: Elektrische Meßtechnik. München: Carl Han-
ser 1983

[5.10] Unger, H.-G.: Theorie der Leitungen. Braunschweig:
Friedr. Vieweg & Sohn 1967

Kapitel 6

[6.1]   Abragam, A.: The Principles of Nuclear Magnetism. Oxford:
At the Clarendon Press 1962

[6.2]   Azaroff, L.V.: X-Ray Spectroscopy. New York: McGraw-Hill
1974

[6.3]   Bergmann-Schaefer, Hrsgb. Gobrecht, H.: Lehrbuch der Experimentalphysik, Bd. III. Berlin: Walter de Gruyter 1974

[6.4]   Bethge K.: Quantenphysik. Mannheim: Bibliographisches Institut 1978

[6.5]   Bittel, H; Storm, L.: Rauschen. Berlin: Springer 1971

[6.6]   Cardona, M.: Modulation Spectroscopy. New York: Academic

Press 1969

[6.7]   Dicke, R.H.: The Measurement of Thermal Radiation at Mi-
        crowave Frequencies. Rev. Sci. Instr. $\underline{17}$ (1946) 268-275

[6.8]   Dreszer, J.: Mathematik Handbuch. Zürich: Harri Deutsch
        1975

[6.9]   Grau, G.K.: Quantenelektronik. Braunschweig: Vieweg 1978

[6.10] Ingram, D.J.E.: Spectroscopy at Radio and Microwave Fre-
        quencies. London: Butterworths 1967

[6.11] King, K.: Electrical Noise. London: Chapman and Hall 1966

[6.12] Kleen, W. und Müller, R.: Laser. Berlin: Springer 1969

[6.13] Kliger, D.S. ed.: Ultrasensitive Laser Spectroscopy. New
        York: Academic Press 1983

[6.14] Koepp, S.: Theorie und Praxis des phasenempfindlichen
        Gleichrichters in der modernen Meßtechnik. Hochfrequenz-
        techn. u. Elektroak. $\underline{64}$ (1956) 124-129

[6.15] Messiah, A.: Quantenmechanik, Bd. 1. Berlin: Walter de
        Gruyter 1976

[6.16] Müller, R.: Rauschen. Berlin: Springer 1969

[6.17] Oliver, B.M.: Thermal and Quantum Noise. Proc. IEEE $\underline{53}$
        (1965) 436-454

[6.18] Padgham, C.A.: Subjective Limitations on Physical Measu-
        rements. London: Chapman and Hall 1965

[6.19] Pfeifer, H.: Elektronik für den Physiker, Bd. III. Ber-
        lin: Akademie-Verlag 1966

[6.20] Reif, F.: Fundamentals of Statistical and Thermal Phy-
        sics. New York: McGraw-Hill 1965

[6.21] Rohe, K.-H.: Elektronik für Physiker. Stuttgart: Teubner
        1978

[6.22] Rohlfs, K.: Tools of Radio Astronomy. Berlin: Springer
        in Druck

[6.23] Townes, C.H.; Schawlow, A.L.: Microwave Spectroscopy.
        New York: Dover 1975

[6.24] Van der Ziel, A.: Noise. Englewood Cliffs: Prentice Hall
        1970

[6.25] Wehry, E.L. ed.: Modern Fluorescence Spectroscopy, Vol.1.
        New York: Plenum 1976

Kapitel 7

[7.1]   Allkofer, O.C.: Teilchen-Detektoren. München: Karl Thiemig
        1971

[7.2]   Barfoot, K.M.; Mitchell, I.V.; Avaldi, L.; Eschbach, H.I.;
        Gilbody, W.B.: Si(Li) Detector Efficiency below 10 keV.
        Nucl. Instr. and Meth. Phys. Res. B $\underline{5}$ (1984) 534-544

[7.3]   Beck, G.: Operation of a 1P28 photomultiplier with subna-
        nosecond response time. Rev. Sci. Inst. $\underline{47}$ (1976) 537-541

[7.4]   Birks, J.B.: The Theory and Practice of Scintillation
        Counting. Oxford: Pergamon Press 1964

[7.5]   Brown, D.B.; Criss, J.W.; Birks, L.S.: Sensitivity of x-
        ray films. I. A model for sensitivity in the 1-100 keV
        region. J. Appl. Phys. $\underline{47}$ (1976) 3722-3731

[7.6]   Büker, H.: Theorie und Praxis der Halbleiterdetektoren
        für Kernstrahlung. Heidelberg: Springer 1971

[7.7]   Dereniak, E.L.; Crowe, D.G.: Optical Radiation Detectors.
        New York: John Wiley & Sons 1984

[7.8]   Dozier, C.M.; Brown, D.B.; Birks, L.S.; Lyons, P.B.; Ben-
        jamin, R.F.: Sensitivity of x-ray film. II. Kodak no-
        screen film in the 1-100 keV region. J. Appl. Phys. $\underline{47}$
        (1976) 3732-3738

[7.9]   Driscoll, W.G.; Vaughan, W.: Handbook of Optics. New
        York: McGraw-Hill 1978

[7.10] Fricke, J.; Müller, A.; Salzborn, E.: Single particle
        counting of heavy ions with a channeltron detector.
        Nucl. Inst. and Meth. $\underline{175}$ (1980) 379-384

[7.11] Henke, B.L.; Fujiwara, F.G.; Tester, M.A.; Dittmore, C.H.;
        Palmer, M.A.: Low-energy x-ray response of photographic
        films. II. Experimental characterization. J. Opt. Soc. Am.
        B $\underline{1}$ (1984) 828-849

[7.12] Herz, R.H.: The Photographic Action of Ionizing Radiation.
        New York: Wiley Interscience 1969

[7.13] Joos, G.; Schopper, E.: Grundriß der Photographie und ih-
        rer Anwendungen besonders in der Atomphysik. Frankfurt:
        Akademische Verlagsgesellschaft 1958

[7.14] Keyes, R.J. ed.: Optical and Infrared Detectors. Berlin:
        Springer 1977

[7.15] Kingston, R.H.: Detection of Optical and Infrared Radi-
        ation. Berlin: Springer 1978

[7.16] Kleinknecht, K.: Detektoren für Teilchenstrahlung. Stutt-
        gart: Teubner 1984

[7.17] Kroll, G.F.: Radiation Detection and Measurement. New
        York: John Wiley & Sons 1979

[7.18] Kuhn, A.: Halbleiter- und Kristallzähler. Leipzig: Geest &
        Portig 1969

[7.19] Krug, W.; Weide, H.-J.: Wissenschaftliche Photographie in
        der Anwendung. Leipzig: Geest & Portig 1976

[7.20] Kruse, P.W.: Grundlagen der Infrarottechnik. Stuttgart:
        Berliner Union 1971

[7.21] Landau, L.D.; Lifschitz, E.M.: Lehrbuch der Theoretischen
        Physik Bd. V - Statistische Physik. Berlin: Akademie Ver-
        lag 1970

[7.22] Mack, J.E.; Paresce, F.; Bowyer, S.: Channel electron mul-
        tiplier: its quantum efficiency at soft x-ray and vacuum
        ultraviolet wavelengths. Appl. Optics 15 (1976) 861-862

[7.23] Mitchel, G.R.: Silver halide film as a linear detector for
        10.6 µm radiation. Rev. Sci. Instrum. 53 (1982) 111-112

[7.24] Müller, E.R.; Mast, F.: A new metal resistor bolometer for
        measuring vacuum ultraviolet and soft x radiation. J.
        Appl. Phys. 55 (1984) 2625-2641

[7.25] Müller, J.: Photodiodes for Optical Communication. In: Ad-
        vances in Electronics and Electron Physics, Vol. 55, edi-
        tors Marton L. and Marton C.. New York: Academic Press
        1981

[7.26] Neuert, H.: Kernphysikalische Meßverfahren. Karlsruhe:
        Braun 1966

[7.27] Olsen, J.O.: Measuremenmt of channel electron multiplier
        efficiency using a photoemissive electron source. J. Phys.
        E: Sci. Instrum. 12 (1979) 1106-1108

[7.28] Sampson, J.A.R.: Techniques of Vacuum Ultraviolet Spec-
        troscopy. New York: John Wiley & Sons 1967

[7.29] Sauerbrey, G.: Linearitätsabweichungen bei Strahlungsmes-
        sungen mit Photovervielfachern. Appl. Optics 11 (1972)
        2576-2583

[7.30] Smith, R.A.; Jones, F.E.; Chasmar, R.P.: The Detection and
        Measurement of Infra-Red Radiation. Oxford: At the Clare-
        don Press 1968

[7.31] Stahl, K.; Miosga, G.: Infrarottechnik. Heidelberg: Hüthig
        1980

[7.32] Talmi, Y.: Pyroelectric vidicon: a new multichannel spec-
        trometric infrared (1.0-3.0 µm) detector. Appl. Optics
        17 (1978) 2489-2501

[7.33] Thomas, H.E.: Handbook of Microwave Techniques and Equipment. Englewook Cliffs: Prentice Hall 1972

[7.34] Vieth, G.: Meßverfahren der Photographie. München: R. Ol-
        denbourg 1974

[7.35] Whiteley, M.J.; Pearson, J.F.; Fraser, G.W.; Barst, M.A.:
        The stability of CsI-coated microchannel plate x-ray de-
        tectors. Nucl. Instr. and Meth. Phys. Res. $\underline{224}$ (1984)
        287-297

[7.36] Wiesemann, K.: Einführung in die Gaselektronik. Stuttgart:
        Teubner 1976

[7.37] Wiza, J.L.: Microchannel plate detectors. Nucl. Instr. and
        Meth. $\underline{162}$ (1979) 587-601

[7.38] Wolf, M.: Multichannel-Plates. Physik in unserer Zeit $\underline{12}$
        (1981) 90-95

Kapitel 8

[8.1]   Born, M.; Wolf, E.: Principles of Optics. Oxford: Pergamon
        Press 1975

[8.2]   Corney, A.: Atomic and Laser Spectroscopy. Oxford: Claren-
        don Press 1977

[8.3]   Demtröder, W.: Grundlagen und Techniken der Laserspektro-
        skopie. Berlin: Springer 1977

[8.4]   Demtröder, W.: Laser Spectroscopy. Basic Concepts and In-
        strumentation. Berlin: Springer 1981

[8.5]   Gonser, U., ed.: Mössbauer Spectroscopy. Berlin: Springer
        1975

[8.6]   Hänsch, T.W.; Schawlow, A.L.; Series, G.W.: The Spectrum
        of Atomic Hydrogen. Sci. Am. $\underline{240}$, No. 3 (1979) 94-110

[8.7]   Jacquinot, P.: The Luminosity of Spectrometers with
        Prisms, Gratings, or Fabry-Perot-Etalons. J. Opt. Soc.
        Am. $\underline{44}$ (1954) 761-765

[8.8]   Letochow, W.S.: Laserspektroskopie. Braunschweig: Vieweg
        1977

[8.9]   Letokhov, V.S.; Chebotayev, V.P.: Nonlinear Laser Spec-
        troscopy. Berlin: Springer 1977

[8.10] Schäfer, F.P., ed.: Dye Lasers. Berlin: Springer 1977

[8.11] Schawlow, A.L.: Spectroscopy in a new light. Rev. Mod.
        Phys. $\underline{54}$ (1982) 697-707

[8.12] Shimoda, K., ed.: High-Resolution Laser Spectroscopy.
        Berlin: Springer 1976

[8.13] Thorne, A.P.: Spectrophysics. London: Chapman and Hall 1974

[8.14] Walther, H., ed.: Laser Spectroscopy of Atoms and Molecules. Berlin: Springer 1976

[8.15] Walther, H.: Höchstauflösende Laserspektroskopie. Physik. Blätter $\underline{41}$ (1985) 57-62

[8.16] Wegener, H.: Der Mössbauer-Effekt und seine Anwendungen in Physik und Chemie. Mannheim: Bibliographisches Institut 1966

Sachwortverzeichnis

In völliger Neubearbeitung –

Kohlrausch
Praktische Physik

in 3 Bänden

Herausgegeben von Prof. Dr. Dietrich Hahn und
Prof. Dr. Siegfried Wagner

Unter Redaktion von H. D. Baehr, J. Bortfeldt,
H.-G. Diestel, S. German, V. Kose, H. Reich, A. Scharmann,
B. Wende und V. Zehler

Bearbeitet von zahlreichen Fachwissenschaftlern

23., neubearbeitete und erweiterte Auflage. 1985.

1 **Allgemeines über Messungen und ihre
Auswertung/Mechanik/Akustik/Wärme/Optik**
XII, 724 Seiten mit 318 Bildern. $16{,}2 \times 22{,}9$ cm.
ISBN 3-519-13001-7. Geb. DM 185,–

2 **Elektrizität/Elektronik/Magnetismus/Ionisierende
Strahlung und Radioaktivität/Struktur und
Eigenschaften der Materie**
ca. 850 Seiten mit ca. 640 Bildern. $16{,}2 \times 22{,}9$ cm.
ISBN 3-519-13002-5. Geb. DM 245,–

3 **Tabellen und Diagramme**
ca. 380 Seiten mit ca. 60 Bildern. $16{,}2 \times 22{,}9$ cm.
ISBN 3-519-13000-9. Geb. ca. DM 150,–

B. G. Teubner Stuttgart